华南地区常见园林植物识别与应用

—— 乔木卷 ——

沈海岑　梁海英　李鹏初　金海湘　黄颂谊　主编

中国林业出版社

图书在版编目（CIP）数据

华南地区常见园林植物识别与应用 . 乔木卷 / 沈海岑等主编 . –– 北京：中国林业出版
社 ,2018.9 ISBN 978-7-5038-9740-5

Ⅰ . ①华… Ⅱ . ①沈… Ⅲ . ①园林植物 – 乔木 – 识别 – 华南地区 Ⅳ . ① S688

中国版本图书馆 CIP 数据核字 (2018) 第 217420 号

华南地区常见园林植物识别与应用（乔木卷）　　　沈海岑　梁海英　李鹏初　金海湘　黄颂谊　**主编**

出版发行：中国林业出版社	邮　　箱：377406220@qq.com
地　　址：北京西城区德胜门内大街刘海胡同 7 号	电　　话：（010）83143520

策划编辑：王　斌

责任编辑：刘开运　张健　吴文静　　　　　　　　　　　　　　　装帧设计：百彤文化传播公司

印　　刷：北京雅昌艺术印刷有限公司

开　　本：889mm×1194mm

印　　张：15

字　　数：380 千字

版　　次：2018 年 11 月第 1 版 第 1 次印刷

定　　价：198.00 元 （USD 39.99）

编委会

华南地区常指南岭以南地区，南北向基本以北回归线分为南部与北部，东西向以福建与广东、广东与广西交界线分为东部、中部和西部；包括广东省、广西壮族自治区、海南省、福建省中南部、台湾、香港特别行政区、澳门特别行政区等地。

华南地区气候宜人，最冷月平均气温≥10℃，极端最低气温≥−4℃，日平均气温≥10℃的天数在300天以上。多数地方年降水量为1 400~2 000 mm，是一个高温多雨、四季常绿的热带－亚热带区域。地形以丘陵、台地为主。土壤主要有黄壤、红壤、赤红壤、砖红壤及各色石灰土。在这种常年高温多雨、光照充足的条件下，孕育了丰富的园林植物资源，是热带雨林、季雨林和亚热带常绿阔叶林等地带性植被的分布区域。

园林植物是城市绿地系统的重要组成部分，是园林景观营造的主要素材。园林植物配植应遵循植物学、园林美学和生态学等原则，因地制宜，创造出与周围环境协调的、优美的城市景观，实现最佳的社会效益、经济效益和生态效益。园林乔木可通过孤植、对植、列植、群植、丛植等手法，营造不同的园林景观，在华南地区的绿化、美化、生态建设中发挥着举足轻重的作用。

本书收录华南地区常见的园林乔木树种包括乡土树种和引进国外的园林应用效果良好的树种，57 科，137 属，204 种。本书科的排列，裸子植物按郑万钧（1978）系统排列，被子植物按哈钦松第四版系统排列；科内属钟则按拉丁名字母顺序排列。重点介绍了植物的形态特征、分布、生长习性、栽培、观赏特性及园林用途等。

全书有彩色照片 783 幅，图文并茂，具有较强的科普性、实用性和园林文化内涵，可为华南地区绿化建设中树种选择提供参考，可供植物学、园林园艺学及植物爱好者、绿化工程设计、施工和养护人员参考使用。为了方便读者查阅，书后附有种名的中文索引和拉丁文索引。

鉴于编者水平有限，本书难免有疏漏和错误之处，恳请各位专家及同行批评指正。

目录

CONTENTS

裸子植物门 GYMNOSPERMAE

被子植物门 ANGIOSPERMAE

裸子植物门 GYMNOSPERMAE

● 苏 铁

别名： 铁树、凤尾铁、凤尾蕉、凤尾松、凤尾草、避火蕉

Cycas revoluta **Thunb.**

苏铁科　苏铁属

形态： 常绿乔木，茎顶具绒毛，羽状叶从茎的顶部生出，呈"V"字形，下层叶向下弯，上层叶斜向上伸展，小羽叶边缘显著地向下反卷，仅有中脉。雌雄异株，雄球花圆柱形，有短梗，雌球花扁球形。种子褐红色，12月成熟。

分布： 中国福建；日本也有分布。生于海拔300 m以下，世界热带亚热带广泛栽培。

生长习性： 喜暖热湿润的环境，喜光，喜铁元素，稍耐半阴。不耐寒冷，生长甚慢，寿命长。在华南地区10年以上的植株通常会每年开花结实，而长江流域各地栽培的苏铁偶尔开花结实。

栽培繁殖： 可用种子繁殖、分蘖繁殖或树干切段繁殖，遮阴或在半阴条件下容易成活。每年春季割去观赏性差的老叶，盆栽至少5年换盆一次。换盆时可掺拌骨粉等磷肥，适当削去一些老根，以利于及时长出新根。浇水量不宜过大，尽量保持环境通风，越冬温度不宜低于5℃。

病虫害： 常见的病虫害有真菌性病害、介壳虫和灰蝶幼虫。

观赏特性及园林用途：为优美的观赏树种，栽培应用普遍，多植于庭前、阶旁、草坪、花坛中心、道路分隔带、寺庙、烈士陵园，也可营造盆栽用于摆设，或营造庄严肃穆之情景。

（摄影人：李鹏初、黄颂谊、陈峥、丰盈）

● 银杏

别名：白果、公孙树、鸭脚子、鸭掌树

Ginkgo biloba **L.**

银杏科　银杏属

形态：落叶大乔木，高可达 40 m。枝近轮生，斜上伸展。叶片扇形，在宽阔的顶缘具缺刻或 2 裂，二歧状分叉叶脉。叶秋季落叶前变为黄色。花单性，雌雄异株。种子具长梗，下垂。花期 3~4 月，种子 9~10 月成熟。

分布：中国特有的中生代孑遗的稀有树种，浙江天目山有野生植株，生于海拔 2 000 m 以下。温带至中亚热带广泛栽培。以山东、浙江、江西、安徽、广西、湖北、四川、江苏、贵州等地最多。华南地区有栽培。

生长习性：阳性，喜湿润而排水良好的深厚壤土，在酸性土、石灰性土中均可生长良好，不耐积水、耐旱，初期生长较慢，萌蘖性强。雌株生长约 20 年后开始结实。

栽培繁殖：可扦插繁殖、分株繁殖、嫁接繁殖、播种繁殖，扦插繁殖可分为老枝扦插和嫩枝扦插，扦插于细黄沙或疏松的苗床土壤中。银杏容易发生萌蘖，春季可利用分蘖进行分株繁殖，雌株萌蘖可提早结果。可进行绿枝嫁接，避免在高温干旱、雨天、晴天中午嫁接。园林绿化多用实生苗。大树需带土球移植。

病虫害：常见的病害有茎腐病和叶枯病。

观赏特性及园林用途：树形高大挺拔，树干通直，姿态优美，春夏翠绿，深秋金黄，是理想的园林绿化、行道树种和秋色景观树种。对植，气势雄伟；列植，伟岸挺拔；与圆柏、侧柏三两丛植，气象森严；林植，秋天黄叶似蝶，意境深远。容易招引蜂蝶，是优良的生物引诱树种。

（摄影人：李鹏初、黄颂谊）

● 贝壳杉

Agathis dammara (Lamb.) Rich.
南洋杉科　贝壳杉属

　　形态：常绿乔木，在原产地高达 38 m。树冠圆锥形，树皮厚，带红灰色；枝条微下垂。叶深绿色，厚革质，具多数不明显的并列细脉，雄球花圆柱形。球果近圆球形或宽卵圆形，长达 10 cm；种子倒卵圆形，长约 1.2 cm。花期 3~4 月，果熟期翌年 7~8 月。
　　分布：原产马来半岛和菲律宾。中国广州、深圳、福州、厦门等地有栽培。
　　生长习性：幼苗喜半阴，大树喜阳光，日照不足则树形生长不良；喜高温、高湿的气候，生长适温为 18℃~28℃，越冬温度不低于 10℃。
　　栽培繁殖：通常用播种或扦插繁殖，但以播种繁殖为主。栽培土质以肥沃、排水良好的砂质壤土为佳。定植地点应避免强风，定植前宜在植穴内预埋基肥，约每季追肥 1 次。
　　观赏特性及园林用途：树干端直，分支低，满树青翠，四季长青，有很高的观赏实用价值，适合作行道树或庭园观赏树，可列植、对植、林植，形态干净利索，英姿飒爽。

（摄影人：黄颂谊）

● 大叶南洋杉

Araucaria bidwillii **Hook.**

南洋杉科　南洋杉属

形态：常绿乔木，高达 50 m，胸径达 1 m。树皮厚，暗灰褐色，成薄条片脱落；大枝平展，树冠塔形，侧生小枝密生，下垂。叶无主脉具多数并列细脉，叶背有多条气孔线，同年生小枝上的叶不等长，叶形有时变异；幼树及营养枝上的叶较花果枝及老树的叶为长，排列较疏，小枝中部的叶较两端的叶为长，花果枝，老树及小枝两端的叶排列较密。雄球花单生叶腋。种子长椭圆形，无翅。花期 6 月，球果第 3 年秋后成熟。

分布：原产大洋洲沿海地区。中国广东、海南、福建等地有栽培，华中及华北地区仅见盆栽。

生长习性：喜光，幼苗喜阴。喜暖湿气候，不耐干旱与寒冷。喜土壤肥沃，生长较快，萌蘖力强，抗风强。

栽培繁殖：可扦插繁殖、播种繁殖。籽播幼苗直根长、须根少。幼苗移植时，容易死苗，需带土移植。

病虫害：常见的病虫害有炭疽病、叶枯病和介壳虫。

观赏特性及园林用途：树形高大，姿态优美，宜孤植作为园景树、庭园树或纪念树，亦可作行道树，或丛植成景。四季常青，为优良的园林树种和珍贵的盆栽树种。

（摄影人：黄颂谊）

● 猴子杉

***Araucaria cunninghamii* Ait. ex Sweet**

南洋杉科　南洋杉属

　　形态：常绿乔木，高 20~40 m。幼树树冠呈尖塔形，老树呈平顶状。树干耸直，树皮粗糙，横裂。大枝轮生，平展或斜展，侧生小枝下垂。花单性，雌雄异株。种子两侧具膜质翅，翅与下部种鳞结合，先端微分离。

　　分布：原产大洋洲东南沿海地区和新几内亚岛。中国广东、福建、云南、海南等地均有栽培。

　　生长习性：适生温度为 10℃~25℃，空气相对湿度宜在 60% 以上。宜疏松、肥沃、排水良好的偏酸性砂壤土。喜光，喜温暖及高温湿润气候，不耐阴，不耐干燥及寒冷，抗风和抗大气污染。生长迅速，再生能力强。

　　栽培繁殖：可扦插繁殖和播种繁殖。播种繁殖，土壤应严格消毒，种皮坚实，发芽率低，先破种皮，以促使其发芽，约 30 天可发芽。扦插繁殖较为容易，被广泛采用，4 个月可生根。扦插材料用吲哚丁酸（IBA）浸泡后扦插，可促进其提前生根。实生幼苗移植时，容易死苗，需带土移植，定植后要马上遮阴。

　　病虫害：常见病虫害有枝枯病、溃疡病、根瘤病和介壳虫。

　　观赏特性及园林用途：主干浑圆通直，苍翠挺拔，树冠尖塔形，优雅壮观，是优良的园林风景树和行道树。

（摄影人：李鹏初、黄颂谊）

● 南洋杉

别名：异叶南洋杉、澳洲杉、鳞叶南洋杉、塔形南洋杉、诺和克南洋杉

Araucaria heterophylla (Salisb.) Franco

南洋杉科　南洋杉属

形态：常绿乔木，树干通直，树皮暗灰色，裂成薄片状脱落。树冠塔形，大枝轮生，平伸，长达 15 m 以上；小枝平展或下垂，侧枝常成羽状排列，下垂。叶二型，幼树及侧生小枝的叶排列疏松，开展；大树及花果枝上的叶排列较密，微开展，宽卵形或三角状卵形。雄球花单生枝顶，种子椭圆形，稍扁，两侧具结合生长的宽翅。花期3~4月，球果挂果 3 年后成熟。

分布：原产大洋洲。中国广东、福建、海南、云南、广西有栽培。

生长习性：喜光，幼苗喜阴。喜暖湿气候，不耐干旱与寒冷。喜土壤肥沃。生长较快，萌蘖力强，抗风强。冬季需充足阳光，夏季避免强光暴晒。气温25℃~30℃、相对湿度70%时生长最佳。

栽培繁殖：播种繁殖，种皮坚实，发芽率低，先破种皮，以促使其发芽。土壤应严格消毒。约30天可发芽。幼苗移植时，容易死苗，需带土移植，定植后要马上遮阴。扦插繁殖较为容易，被广泛采用。4个月可生根。用 200 μg/g 吲哚丁酸（IBA）浸泡 5 小时后再扦插，可促进其提前生根。盆栽要求疏松肥沃、腐殖质含量较高、排水透气性强的培养土。

病虫害：常见的病害有炭疽病、叶枯病。

观赏特性及园林用途：树形高大，姿态优美，宜孤植作为园景树或纪念树，亦可作行道树，应选无强风地点，以免树冠偏斜。

（摄影人：李鹏初、黄颂谊）

● 雪松

别名：香柏、松宝塔松、番柏、喜马拉雅杉、喜马拉雅（雪）松

***Cedrus deodara* (Roxb.) G. Don**

松科　雪松属

形态：常绿乔木，高可达 75 m。树皮灰褐色，裂成鳞片，老时剥落。大枝一般平展，为不规则轮生，小枝略下垂。叶灰绿色或银灰色。雌雄异株，稀同株，花单生枝顶。种子近三角形，具翅。花期 10~11 月，球果翌年 10 月成熟。

分布：中国西藏南部；喜马拉雅山西部至阿富汗、印度有分布。生于海拔 1 300~3 300 m。中亚热带至温带地区广泛栽培。

生长习性：喜阳光充足，也稍耐阴；要求温和、凉湿的气候。在酸性土上均能适应，土壤以排水良好、土层深厚为佳。在积水洼地或地下水位过高处则生长不良，甚至会死亡。在长江中下游一带生长最好。

栽培繁殖：播种或扦插繁殖。播种宜在春季进行，播种量 8 g/m² 左右，约 15 天萌芽出土，幼芽须搭棚遮阴。扦插一般在春、秋两季进行，插后要严格遮阴。大苗移植需带土球，提高移植成活率。

病虫害：主要病虫害有根腐病、红龟蜡蚧、松褐天牛。

观赏特性及园林用途：树体高大，树冠宽广，树姿挺拔优美，为世界著名的观赏树种。适宜孤植于草坪、建筑前庭、广场或主要建筑物的两旁及园门的入口等处。其主干下部的大枝贴近地面处平展，长年不枯，能形成繁茂雄伟的树冠，列植于园路的两旁，气势壮观。

（摄影人：李鹏初、黄颂谊）

● 湿地松

***Pinus elliottii* Engelm.**
松科　松属

形态：常绿乔木。树皮灰褐色或暗红褐色，纵裂成鳞状块片剥落；枝条每年生长 3~4 轮，针叶 2~3 针一束并存，球果圆锥形或窄卵圆形有梗，种子卵圆形，微具 3 棱，种翅易脱落。花果期夏、秋季。

分布：原产美国东南部暖带潮湿的低海拔地区。中国山东以南多数地区适宜栽植。

生长习性：适生于低山丘陵地带，能忍耐 40℃ 的绝对高温和 –20℃ 的绝对低温。在中性以至强酸性红壤丘陵地以及砂黏土地均生长良好，而在低洼沼泽地边缘尤佳，因此得名，但也较耐旱，在干旱贫瘠的低山丘陵能旺盛生长。抗风力强，在 11~12 级台风袭击下很少受害。其根系可耐海水灌溉，但针叶不能抗盐分的侵染。为喜光树种，极不耐阴。在中国北纬 32°以南的平原，向阳低山均可栽培，生长势常比同地区的马尾松或黑松为好。湿地松为速生常绿乔木，既抗旱又耐涝、耐瘠，有良好的适应性和抗逆性。

栽培繁殖：常采用温床育苗、容器育苗；用 I、II 级苗造林，裸根苗造林宜于春梢萌发前进行定植。栽植深度不宜过浅。

病虫害：常见虫害有松梢螟、松梢小卷叶蛾、马尾松毛虫、松突圆蚧、松材线虫、湿地松粉蚧、松褐天牛等。

观赏特性及园林用途：树姿挺秀，叶荫浓，宜配植山间坡地，溪边池畔，可成丛、成片栽植，亦适于庭园、草地孤植、丛植作遮阴树及背景树。作风景林和水土保持林非常适宜。生长速度快，适应性强，用于造林一般 8~12 年便可成材。

（摄影人：叶育石、陈峥）

● 马尾松

别名：青松、山松、枞松（广东、广西）

***Pinus massoniana* Lamb.**

松科　松属

形态：常绿乔木，高可达 45 m，胸径 1.5 m。树皮红褐色，裂成不规则的鳞状块片；枝平展或斜展，树冠宽塔形或伞形，枝条每年生长一轮，广东南部则通常生长两轮。针叶 2 针一束，稀 3 针一束，球花单性，雌雄同株；雄球花淡红褐色；雌球花单生或 2~4 个聚生于新枝近顶端，淡紫红色，种子长卵圆形，连翅长 2~2.7 cm。花期 4~5 月，球果翌年 10~12 月成熟。

分布：江苏（六合、仪征）、安徽（淮河流域、大别山以南），河南西部峡口、陕西汉水流域以南、长江中下游各地，南达福建、广东、台湾北部低山及西海岸，西至四川中部大相岭东坡，西南至贵州贵阳、毕节及云南富宁。在长江下游其垂直分布于海拔 700 m 以下，长江中游海拔 1 100~1 200 m 以下，在西部分布于海拔 1 500 m 以下地区。

生长习性：阳性树种，不耐阴，喜光、喜温。绝对最低温度 –10℃。根系发达，抗风，主根明显，有菌根。喜微酸性土壤，怕水涝，不耐盐碱，在石砾土、砂质土、黏土、山脊、阳坡的冲刷薄地上、陡峭的石山岩缝里都能生长。

栽培繁殖：直根性树种，主根发达，侧须根细少，造林成活率低，缓苗期长，幼林前期生长慢。大田育苗断主根，促侧根，提高菌根感染率，切根需待伏旱结束，秋雨后，最迟不得晚于 9 月中旬，切根深度 6~10 cm，起苗防扯断须根、菌根。

病虫害：主要病虫害有松毛虫、马尾松赤枯病、松瘤病、松材线虫病、大袋蛾、斑点病、金龟子、红蜘蛛等。

观赏特性及用途：生性倔强，高大雄伟，姿态古奇，不择土壤，抗风力强，耐烟尘，终年常绿，傲霜斗雪，与竹、梅誉称"岁寒三友"。用于园林种植，可在庭前、亭旁、假山之间孤植，其散溢挥发油具有保健作用。宜作丛植或疏林草地配置，与有色叶树种搭配，景观很有层次美，与景石搭配，犹如入画。作风景林时，松叶临风，易发出独特的声音，营造意境。也作盆景观赏。另有材用、割取树脂和造纸等用途，为长江流域以南地区重要的荒山造林树种。

（摄影人：黄颂谊）

● 水松

***Glyptostrobus pensilis* (Staunton) K. Koch**
杉科　水松属

形态：落叶乔木，高 8~10 m，稀高达 25 m。生于湿生环境时，树干基部膨大成柱槽状，并且有伸出土面或水面的呼吸根，树干有扭纹；树皮褐色纵裂成不规则的长条片；枝条稀疏，大枝近平展；长枝冬季不脱落。叶三型，鳞形叶冬季不脱落，条形叶及条状钻形叶均于冬季连同侧生短枝一同脱落。球果倒卵圆形，种鳞木质，苞鳞与种鳞几全部合生。种子椭圆形，下端有长翅。花期 1~2 月，球果秋后成熟。

分布：为中国特有树种，第四纪冰川孑遗植物之一，国家重点保护植物。主要分布在珠江三角洲和福建中部及闽江下游海拔 1 000 m 以下地区。广东东部及西部、福建西部及北部、江西东部、四川东南部、广西及云南东南部也有零星分布。南京、武汉、庐山、上海、杭州等地有栽培。

生长习性：喜光。极耐水湿，多生于河流两岸、堤围及田埂上，在潮水线上 15~30 cm 的立地上生长最好。对土壤的适应性较强，能耐盐碱土；在中性或微碱性（pH7~8）、有机质含量高的冲积土上生长最好。主根和侧根发达、有通气组织。

栽培繁殖：种子繁殖为主，球果由粉绿色变为浅黄色、鳞片开始微裂时，及时采集。育苗一般采用"水育法"，早灌晚排，切忌死水育苗。苗高 1.5 m 时可出圃定植，注意保护幼树主干顶芽。病虫害较少，但水植宜干水，成活再放水。

观赏特性及园林用途：树形优美秀丽，枝叶婆娑，是优良的湿地绿化和水岸景观营造树种。适用于河堤、湖畔、溪谷、沼泽等地丛植或群植，可与落羽杉等其他湿地乔木一起营造水边独特的林相景观。

（摄影人：李鹏初、黄颂谊）

● 落羽杉

Taxodium distichum (L.) Rich.

杉科　落羽杉属

形态：落叶乔木，在原产地高达 50 m，胸径可达 2 m。树干尖削度大，干基膨大，地面通常有屈膝状呼吸根；在幼龄至中龄阶段（50 年生以下）树干圆满通直，圆锥形或伞状卵形树冠，50 年以上有些植株会逐渐形成不规则宽大树冠。树皮棕色，纵裂，长条片状脱落。单叶互生，呈羽状二列平展，状似羽毛，冬季由黄绿色变为暗红褐色，连细枝一起脱落，故名落羽杉。雌雄同株。种鳞木质盾形，每种鳞有种子2粒、具厚翅。种子褐色，有短棱。花期 4 月下旬，球果熟期 10 月。

分布：原产于北美及墨西哥，是古老的"孑遗植物"，中国华东、华南地区有引种栽培。

生长习性：阳性，喜温暖，耐水湿，能生长于浅沼泽中，亦能生长于排水良好的陆地上。在湿地上生长，树干基部可形成板状根，并能向地面上伸出筒状的呼吸根，特别称为"膝根"。土壤以湿润而富含腐殖质者最佳。在原产地能形成大片森林。落羽杉抗风性强，耐低温、半耐盐碱、耐水淹。

栽培繁殖：可用播种及扦插法繁殖。6~8 月为苗木生长旺盛期。夏秋高温时要加强抗旱，及时浇水，促进苗木生长。一年生苗木高 80~100 cm。庭园绿化可用二年至三年生的移植苗。移植一般于 3 月间进行，1~2 m 高的苗可裸根移植，2 m 以上的大苗宜带土球。苗木侧根较少，主根发达，起苗时需深挖多留根。

观赏特性及园林用途：树形高大而且整齐美观，近羽毛状的叶丛极为秀丽，深秋叶片变成铁红色，是华南地区良好的秋色叶树种。适用于河岸、湖畔、溪谷、沼泽等地种植，可单独或与其他湿地乔木一起营造水边独特的林相景观，亦可营造兼具景观效果的防风护岸林带。

（摄影人：李鹏初、黄颂谊、陈峥）

● 池杉

别名： 池柏、沼落羽松

Taxodium distichum (L.) Rich. var. *imbricatum* (Nutt.) Croom

杉科　落羽杉属

形态： 落叶乔木。主干挺直，树冠尖塔形。枝条向上形成狭窄的树冠，树皮粗厚，褐色有沟，树皮纵裂成长条片而脱落，树干基部膨大，常有屈膝状呼吸根。叶为钻形，不呈二列，紧贴小枝螺旋状排列，幼枝或萌芽枝叶线形。球果椭圆状，淡褐色，种鳞盾形木质，种子红褐色，三棱形，棱脊有厚翅。花期4月，球果10月成熟。总体特性与落羽杉基本相同。

分布： 原产于美国弗吉尼亚南部至佛罗里达州南部，常生于沿海平原地、沼泽及低湿地。上世纪初引种到中国江苏盐城、鸡公山和大丰杉木基地等地。华南地区广泛栽培。

生长习性： 强阳性树种，不耐阴。喜温暖、湿润环境，稍耐寒，能耐短暂–17℃低温。适生于深厚疏松的酸性或微酸性土壤，苗期在碱性土种植时黄化严重，生长不良，长大后抗碱能力增加。耐涝，也能耐旱。生长迅速，抗风力强。萌芽力强。

栽培繁殖： 幼苗、幼树对土壤酸碱性反应敏感，pH值大于7出现黄化，生长不良；宜冬季造林，也可春季2~3月造林。幼苗、幼树易双梢，注意留主梢；生长不良的侧枝要及时剪去。

病虫害： 常见病虫害有大袋蛾、斑点病、金龟子、红蜘蛛等。

观赏特性及园林用途： 树形近似落羽杉，树冠较狭窄，极耐水湿，抗风力强，是平原水网区防护林、防浪林的理想树种。秋叶棕褐色，观赏价值高。适用于河岸、湖畔、溪谷、沼泽等地种植，可单独或与其他湿地乔木一起营造水边独特的林相景观，亦可用于营造兼具景观效果的防风护岸林带。

（摄影人：黄颂谊、周金玉）

● 墨西哥落羽杉

Taxodium mucronatum Tenore

杉科　落羽杉属

形态：落叶乔木，在广州地区多为半落叶，在原产地高达 50 m。树干尖削度大，基部膨大；具膝状呼吸根。树皮裂成长条片脱落；枝条水平开展，形成宽圆锥形树冠。叶二型：锥形叶在主枝上螺旋状排列，宿存；条形叶扁平，在侧生小枝上排成 2 列，冬季与侧生小枝俱落，长约 1 cm，宽 1 mm，向上逐渐变短。雄球花卵圆形，近无梗，组成圆锥花序状。球果卵圆形。花期春季，果期秋、冬季间。

分布：原产墨西哥及美国西南部。中国 20 世纪 60 年代开始引进，华南地区有栽培。

生长习性：喜光，喜温暖湿润气候，耐水湿，亦耐干旱瘠薄，耐寒，耐盐碱。土质以保水力强、富含有机质的壤土为佳。生长速度较快。抗污染、抗病虫害、耐工业烟尘的污染。

栽培繁殖：播种为主，于春、秋两季进行。深根性树种，主根发达，其根系具有很强的固着抗风能力。栽培时可参考落羽杉。

病虫害：常见病虫害有茎腐病、大蓑蛾、蚧壳虫、卷叶螟、刺毛、避债蛾、天牛、卷叶蛾等。

观赏特性及园林用途：树形近似落羽杉，但更高大挺拔，枝繁叶茂，落叶较迟，在珠三角及其以南地区甚至不会全落叶。其冠形雄伟秀丽，是优美的庭园树种和景观树种。既可孤植形成景观大树，也可对植、列植、丛植和群植，组合所需的群体景观。在河岸、湖畔、溪谷、沼泽等地域，可单独或与其他湿地乔木一起营造水边独特的林相景观，亦可用于兼具景观效果的防风护岸林带。具有耐水湿、耐盐碱的特性，是营造滨海滩涂、盐碱湿地景观防护林带的适宜树种。

（摄影人：李鹏初、周金玉）

● 福建柏

别名：建柏、滇柏

***Fokienia hodginsii* (Dunn) Henry et Thomas**

柏科　福建柏属

　　形态：常绿乔木，高可达 30 m。树皮紫褐色，平滑，长条形片状开裂。生鳞叶的小枝扁平，排成一平面，鳞叶二型，交叉对生；叶面蓝绿色，叶背中脉隆起，两侧具凹陷的白色气孔带。雄球花近球形，球果近球形，熟时褐色，直径 2~2.5 cm。种子顶端尖，具 3~4 棱，有不等的翅。花期 3~4 月，种子翌年 10~11 月成熟。

　　分布：中国东部、西南部、南部，福建中部最多；越南也有分布。生于海拔 100~1 800 m 地区。国家 II 级保护植物。

　　生长习性：阳性树种，适生于酸性或强酸性黄壤、红黄壤和紫色土。多散生于中亚热带至南亚热带的针阔混交林中，偶有小片纯林。主根不明显，侧根浅、发达。幼年耐阴，林下能天然更新。

　　栽培繁殖：播种或扦插繁殖。夏季高温或梅雨季节，应尽量保持通风凉爽。移植应带土球。二年生苗出圃造林，冬季造林成活率高。栽植时舒展须根，适当深栽密植。较为耐阴，可混交造林。

　　病虫害：常见病虫害有叶斑病、炭疽病、褐软蚧。

　　观赏特性及园林用途：树干通直，枝叶浓密翠绿，树姿优美，为优良的园林景观树种。可列植或群植于公园、庭园、校园、庙宇或公墓等地。有较强的抗风能力，可作保持水土、抗风的树种，也可选作亚热带低山至中山的造林树种。

（摄影人：黄颂谊、叶育石）

● 侧柏

别名：黄柏、香柏、扁柏、扁桧、香树、香柯树

***Platycladus orientalis* (L.) Franco**

柏科　侧柏属

形态：常绿乔木，高 10~15 m。主干通直。树皮薄，浅灰褐色，纵裂成条片；幼树树冠卵状尖塔形，老树树冠则为广圆形。小枝扁平，排列成 1 个平面。叶小，鳞片状，紧贴小枝上，呈交叉对生排列，两侧的叶船形，叶背中部具腺槽。雌雄同株，花单性。雄球花黄色。球果当年成熟，成熟前近肉质，蓝绿色，被白粉，种鳞木质化，开裂，种子不具翅有棱脊。花期 3~4 月，球果 10 月熟。

分布：中国除青海、新疆外，各地均有分布；朝鲜、韩国也有分布。

生长习性：喜光，幼时稍耐阴，适应性强，对土壤要求不严。耐干旱瘠薄，萌芽能力强，耐强光、耐高温、浅根性，抗风能力较弱。萌芽性强、耐修剪、寿命长，抗烟尘，抗二氧化硫、氯化氢等有害气体。

栽培繁殖：常用种子繁殖，幼苗时期须遮阴，适当密留，越冬要进行防寒。多二年出圃，翌春移植。以早春 3~4 月移植成活率较高，小苗裸根蘸浆，大苗带土球移植。

病虫害：常见病害有叶枯病。

观赏特性及园林用途：枝干苍劲，气魄雄伟，可用于行道、庭园、大门两侧、绿地周围、路边花坛及墙垣内外，均极美观。小苗可作绿篱，隔离带围墙点缀。侧柏配植于草坪、花坛、山石、林下，可增加绿化层次，丰富观赏美感。

（摄影人：黄颂谊）

19

● 圆柏

别名： 刺柏、柏树、桧、桧柏

Sabina chinensis (L.) Ant.

柏科　圆柏属

　　形态： 常绿乔木。幼树的枝条通常斜上伸展，形成尖塔形树冠；老树下部大枝平展，形成广圆形的树冠。树皮深灰色，纵裂，成条片开裂。叶二型，幼树为刺叶，3 枚轮生，披针形；老树为鳞叶，交互对生；壮龄树刺叶鳞叶兼有。花单性，雌雄异株，稀同株。果近球形；种子扁卵形。花期 2~4 月，种子翌年 10~11 月成熟。

　　分布： 中国东北南部及华北等地，北自内蒙古及沈阳以南，南至广东、广西北部，东自滨海地区，西至四川、云南；朝鲜、日本也有分布。

　　生长习性： 喜光树种，喜温凉、温暖气候及湿润土壤。忌积水，耐修剪，易整形。耐寒、耐热，对土壤要求不严。在中性、深厚而排水良好处生长最佳。深根性，侧根也很发达。对多种有害气体有一定抗性，是针叶树中对氯气和氟化氢抗性较强的树种。

　　栽培繁殖： 采用播种或当年生嫩枝扦插繁殖。耐干旱，浇水不可偏湿，不干不浇，做到见干见湿。梅雨季节要注意盆内不能积水，夏季高温时，要早晚浇水，保持盆土湿润即可，常喷叶面水，可使叶色翠绿。桩景不宜多施肥，以免徒长，影响树形美观。盆景，以摘心为主，对徒长枝可进行打梢，剪去顶尖，促生侧枝。在生长旺盛期，尤应注意及时摘心打梢，保持树冠浓密，姿态美观。桩景生长缓慢，可每隔 3~4 年翻盆一次，翻盆时可适当去部分老根，高深盆钵应注意盆底垫一层粗砂和碎瓦片，以利排水。

　　病虫害： 常见的病害有圆柏梨锈病、圆柏苹果锈病及圆柏石楠锈病等。

　　观赏特性及园林用途： 树形优美，老树干枝扭曲，奇姿古态。在庭园中用途极广，多配植于庙宇、陵墓作墓道树或柏林。耐阴性强且耐修剪，作绿篱、行道树，还可以作桩景、盆景材料。盆景各流派常见应用。

　　（摄影人：黄颂谊、叶育石）

● 龙柏

别名： 龙爪柏、爬地龙柏、匍地龙柏、刺柏、红心柏、珍珠柏

***Sabina chinensis* (L.) Ant. 'Kaizuca'**

柏科　圆柏属

形态：圆柏的栽培变种，与圆柏的区别是其长到一定高度，枝条螺旋盘曲向上生长，好像盘龙姿态，故名"龙柏"。花期2~4月，种子翌年10~11月成熟。

分布：中国长江流域、淮河流域有栽培，现华南地区有栽培。

生长习性：喜阳，稍耐阴。喜温暖、湿润环境，抗寒。抗干旱，忌积水，排水不良时易产生落叶或生长不良。适生于干燥、肥沃、深厚的土壤，对土壤酸碱度适应性强，较耐盐碱。对氧化硫和氯抗性强，对烟尘抗性较差。

栽培繁殖：用播种、扦插或嫁接法繁殖。常用二年生侧柏或圆柏作砧木嫁接，嫁接方法采用腹接，扦插繁殖有硬枝（休眠枝）和半熟枝扦插两种。发根慢，带泥球移植。

病虫害：常见的病虫害有紫纹羽病、立枯病和布袋蛾。

观赏特性及园林用途：树形优美，老树干枝扭曲，奇姿古态。在庭园中用途极广，多配植于庙宇、陵墓作墓道树或柏林。耐阴性强且耐修剪，作绿篱，行道树，还可以作桩景、盆景材料。可扎作造型，孤植群植于庭园，可栽成绿篱，经整形修剪成平直的圆脊形，可表现其低矮、丰满、细致、精细。

（摄影人：李鹏初、黄颂谊、陈峥）

● 长叶竹柏

别名：桐叶树

***Nageia fleuryi* (Hickel) de Laubenf.**

罗汉松科　竹柏属

　　形态：常绿乔木，高达 20 m。树干直，树冠塔形。叶交叉对生，揉之无番石榴气味，宽披针形，质地厚，无中脉，有多数并列的细脉。雄球花穗腋生，常 3~6 个簇生于总梗上；雌球花单生叶腋，有梗。种子圆球形，熟时假种皮蓝紫色。花期 3~4 月，果期 10~11 月。

　　分布：中国广东、广西及云南东南部；越南、柬埔寨也有分布。国家III级保护植物。

　　生长习性：中性偏阴树种，在林冠荫蔽下能正常生长，结实较多，种子发芽力强，林下生苗生长旺盛。pH 值 5.5~7.0，在深厚、疏松、湿润、多腐殖质的砂壤土或轻黏土上生长迅速。幼龄时生长缓慢，5 年以后逐渐加快，30 年达到最高峰，此后生长逐渐减慢。

　　栽培繁殖：可采用播种、扦插和压条繁殖。选用当年采收的种子。种子保存时间越长，发芽率越低。催芽用温热水浸泡，使种子吸水膨胀。播后 20 天左右始发芽，幼苗要遮阴。春季可采用嫩枝扦插，以雨季造林为宜；也可压条繁殖。冬季应把瘦弱、病虫、枯死、过密等枝条剪掉。移植带土球。

　　病虫害：常见病虫害有黑斑病、白粉病、炭疽病、蚜虫、蚧类、潜叶蛾。

　　观赏特性及园林用途：树形正直，枝叶浓密，叶片近似竹叶，叶色浓绿而有光泽，为优良的观叶类树种。适用于公园、风景区绿化覆盖较好的区域内作园道树或丛植配置。可吸引鸟类及食果类动物。

（摄影人：黄颂谊）

● 竹柏

别名：椤树、船家树

Nageia nagi (Thunb.) Kuntze

罗汉松科　竹柏属

形态：常绿乔木，高达 20 m。树皮近于平滑，红褐色或暗紫红色，成小块薄片脱落；枝条开展或伸展，树冠广圆锥形。叶对生革质，揉之有番石榴气味，长卵形、卵状披针形或披针状椭圆形，有多数并列的细脉。雌雄异株。雄球花穗状圆柱形，单生叶腋，总梗粗短，基部有少数三角状苞片；雌球花单生叶腋，基部苞片花后不肥大成肉质种托。种子圆球形，成熟时假种皮暗紫色，有白粉，花期 3~4 月，种子 10 月成熟。

分布：中国浙江、福建、江西、湖南、广东、广西、四川等地区；日本也有分布；生长于海拔 1 600 m 以下。为古老的裸子植物，被人们称为活化石，国家 II 级保护植物。

生长习性：极端最低气温为 –7℃，年平均降水量低于 800 mm 时生长不良，耐阴，在阴坡比阳坡生长快，林下天然更新良好。对土壤要求严格，适宜酸性砂壤土至轻黏，石灰岩地不宜栽培，低洼积水地栽培亦生长不良。在阳光强烈的旱坡，易发生日灼枯死现象。

栽培繁殖：扦插、播种繁殖。扦插须即采即插。种子育苗，当果实外皮由青转黄时即可采收。阴凉通风处，经 10~20 日完成后熟。切忌暴晒，在强光下仅晒 3 日即可完全丧失发芽能力。种子含油多不宜久藏，播后遮阴；可扦插育苗。大面积山地绿化时，用二年生裸根苗。不耐修剪。大苗移栽必须带土球。幼时生长较慢，以后生长加快。

病虫害：常见病害有黑斑病、白粉病、炭疽病。

观赏特性及园林用途：树形正直，枝叶浓密，叶片近似竹叶，叶色浓绿而有光泽，为优良的城市绿化观叶类树种，已得到广泛应用。适用于庭园、公园、风景区绿化覆盖较好的区域内配置，常作园道树种、风景林丛树种，列植、丛植、群植、林植均宜。

（摄影人：黄颂谊）

23

● 罗汉松

别名：（长青）罗汉杉、土杉、金钱松、仙柏、罗汉柏、江南柏

***Podocarpus macrophyllus* (Thunb.) D. Don**
罗汉松科　罗汉松属

形态：常绿乔木。树冠广卵形。树皮灰褐色至暗灰色，浅纵裂，片状脱落。枝开展或斜展，较密。叶螺旋状着生，条状披针形，中脉显著隆起。花单性，雌雄异株；球花腋生，雄球花穗状，雌球花单生。种子卵球形，直径6~10 mm，被白粉，熟时假种皮由紫红色变紫黑色，下连生一肉质膨大，有甜味，呈紫红色的圆柱状种托上，状似罗汉，故得此名。花期4~6月，种子9~10月成熟。

分布：中国江苏、浙江、福建、安徽、江西、湖南、四川、云南、贵州、广西、广东等地；日本也有分布。常混生于常绿阔叶林或沿海岛屿乔灌层中。我国华南地区常见栽培。

生长习性：喜温暖湿润气候，耐寒性弱，华北盆栽观赏；耐阴性强，喜排水良好、湿润的砂质壤土，对土壤适应性强，盐碱土上亦能生存；对二氧化硫、硫化氢、氧化氮等多种污染气体抗性较强；抗病虫害能力强。

栽培繁殖：常用播种和扦插繁殖。移植以春季3~4月最好，小苗需带土，大苗带土球，也可盆栽。高温季节需放半阴处养护。冬季盆栽注意防寒。

病虫害：常见病虫害有叶斑病、炭疽病、红蜘蛛、介壳虫、大蓑蛾。

观赏特性及园林用途：绿色种子如人头，深红种托似袈裟，全形宛若罗汉参禅打坐，颇具奇趣。为优良的观叶类、观果类树种，应用于我国的传统造园，在墓地、寺院、纪念性庭园多有栽植。适用于城市各类绿地，尤其适宜庭院、公园、风景区配植，也可于有毒、有害工矿区种植，可对植、列植、丛植，也可作为背景树，衬托主景。可吸引鸟类及食果类动物，具生物诱引能力。亦常作盆景应用，有大树型、直干式、曲干式、飘斜式、悬崖式、附石式。

（摄影人：李鹏初、黄颂谊、周金玉、黄安江）

● 三尖杉

别名： 藏杉、桃松、狗尾松、三尖松、山榧树、头形杉

Cephalotaxus fortunei Hook. f.

三尖杉科　三尖杉属

形态： 常绿乔木，高达 20 m。树皮褐色或红褐色，裂成片状脱落；树冠广圆形。叶排成两列，披针状条形，上部渐窄，先端有渐尖的长尖头，基部楔形或宽楔形，上面深绿色，中脉隆起，下面气孔带白色，较绿色边带宽 3~5 倍，中脉隆起。种子假种皮成熟时紫色或红紫色。花期 4 月，种子 8~10 月成熟。

分布： 中国特有树种，产于中国黄河流域以南各地。在东部省生于海拔 200~1 000 m 地带，在西南各地分布较高，达 2 700~3 000 m，生于阔叶树、针叶树混交林中，属于古老子遗植物。

生长习性： 多分布于亚热带常绿阔叶林中，常自然散生于山坡疏林、溪谷湿润而排水良好的地方。

栽培繁殖： 播种繁殖。种子休眠时间长，条播、点播均可。幼苗生长较缓慢，夏日必须遮阴，须培育 2~3 年才能定植。

病虫害： 抗虫性强，病虫害少。

观赏特性及园林用途： 可作阴性新叶有色类、观果类树种。适用于公园、风景区、森林公园或自然保护区开放地段种植，以背阴面环境较为宜，常作混交林中下层结构树种，也为盘扎树桩盆景的理想材料。

（摄影人：叶育石）

● 南方红豆杉

别名：红豆杉、美丽红豆杉、红榧、紫杉

***Taxus wallichiana* Zucc. var. *mairei* (Lem. et Lévl.) L. K. Fu et N. Li**

红豆杉科　红豆杉属

形态： 常绿乔木，高达 20 m。树皮灰褐色、红褐色或暗褐色，裂成条片脱落。大枝开展。叶排列成两列，条形，质地厚，叶背有 2 条黄绿色气孔带，边缘反卷。雄球花淡黄色，种子生于杯状红色肉质的假种皮中。花期 3~6 月，果期 9~11 月。

分布： 中国长江流域以南各地，河南和陕西亦有分布。国家 I 级重点保护野生植物。垂直分布一般较红豆杉低，在多数地区常生于海拔 1 000~1 200 m。

生长习性： 耐阴树种，喜温暖湿润的气候，通常生长于山脚腹地较为潮湿处。喜肥力较高的黄壤、黄棕壤，中性土、钙质土也能生长。耐干旱瘠薄，不耐低洼积水。对气候适应力较强，最低极值可达 –11℃。具有较强的萌芽能力，树干上多见萌芽小枝，生长比较缓慢。

栽培繁殖： 采用种子繁殖和扦插繁殖，以育苗移栽为主。种子成熟后及时采收放在水与细沙的混合液中，在洗衣板上揉搓，除去种子外皮，磨损坚硬的种皮。种子有休眠期，须经低温用湿沙层积贮藏，春季播种。苗期生长较缓慢。幼树期应剪除萌蘖，以保证主干挺直、快长。

病虫害： 常见病虫害有立枯病、茎腐病、白绢病、疫霉病、叶螨、蚜虫、介壳虫等。

观赏特性及园林用途： 枝叶浓郁，树形优美，种子成熟时红果满枝逗人喜爱。适合在庭园点缀，亦可在背阴面的门庭或路口对植、山坡、草坪边缘、池边、片林边缘丛植。宜在风景区与各种针阔叶树种配置。在粤北地区生长较好。

（摄影人：黄颂谊、叶育石）

被子植物门 ANGIOSPERMAE

● 鹅掌楸

别名： 马褂木、双飘树

Liriodendron chinense (Hemsl.) Sarg.

木兰科　鹅掌楸属

形态：落叶乔木，高达 40 m。树皮灰白色，纵裂成小块片状脱落。叶互生，马褂状，先端平截或微凹，背面粉白色。花单生枝顶，直径 5~6 cm；花被片 9 枚，外轮 3 片萼状，绿色，内轮花瓣状黄绿色，基部有黄色条纹，形似郁金香。聚合果纺锤形，小坚果有翅。花期 5~6 月，果期 9 月。

分布：中国广西、湖南、江西、福建、浙江、安徽、湖北、四川、贵州、云南、陕西；越南北部也有分布。生于海拔 900~1 000 m 的山地阔叶林中。华南地区广泛栽培。国家 II 级保护植物。

生长习性：喜光及温和湿润气候，速生，耐寒、耐半阴，不耐干旱和水湿，喜深厚肥沃、适湿而排水良好的酸性或微酸性土壤（pH4.5~6.5），在干旱土地上生长不良，也忌低湿水涝。

栽培繁殖：播种或嫁接繁殖，通常用种子繁殖。播种以即采即播为佳；也可以把果枝剪下后放在室内阴干约 7~10 天，然后放在日光下摊晒 2~3 天，待具翅小坚果自行分离，去除杂质干藏。春季适合用嫁接法。苗木 3 月上中旬进行栽植。大树移植宜在展叶前进行，并在半年前做断根处理。春至夏季每 2~3 个月施肥 1 次，以有机肥为佳，或酌施氮、磷、钾复合肥。

病虫害：常见病虫害有日灼病、卷叶蛾、大袋蛾等。

观赏特性及园林用途：树干端直，树冠宽广雄伟，绿树浓荫，花大而美丽，叶形奇特，深秋时叶色金黄，是珍贵的行道树和庭园观赏树种，宜植于园林中的安静休息区。亦是一种珍贵的盆景观赏植物。对二氧化硫等有毒气体有抗性，可在大气污染较严重的地区栽植。

（摄影人：黄颂谊、丰盈）

● 玉兰

别名： 玉堂春、白玉兰、木兰、玉兰花、望春、辛夷花

Magnolia denudata Desr.

木兰科　木兰属

形态： 落叶乔木。树皮深灰色，粗糙开裂；小枝稍粗壮，灰褐色；冬芽及花梗密被淡灰黄色长绢毛。叶纸质，叶面深绿色，嫩时被柔毛，叶背面被柔绢毛，网脉明显；叶柄被柔毛，上面具狭纵沟；托叶痕为叶柄长的1/4~1/3。花蕾卵圆形，花先叶开放，直立，芳香；花被片白色，基部常粉红色，长圆状倒卵形。聚合果圆柱形（在庭园栽培种常因部分心皮不育而弯曲）；蓇葖厚木质，褐色，具白色皮孔。花期2~3月（亦常于7~9月再开一次花），果期8~9月。

分布： 中国长江流域，在庐山、黄山、峨眉山等处有野生植株。生于海拔500~1 000 m的地带。世界各地均已引种栽培。华南地区普遍栽培。

生长习性： 喜光，较耐寒，可露地越冬。不耐积水，栽植地渍水易烂根。喜肥沃、排水良好而带微酸性的砂质土壤。在气温较高的南方，12月至翌年1月即可开花。

栽培繁殖： 以早春发芽前10天或花谢后展叶前栽植最为适宜。移栽时需带着土球，栽好后封土压紧，及时浇足水。冬季一般不浇水，伤口愈合能力差，故一般不进行修剪。盆栽时宜培植成桩景。繁殖可采用嫁接、压条、扦插、播种等方法，常用嫁接和压条2种。

病虫害： 常见病虫害有炭疽病、叶斑病、柞蝉、红蜡蚧、吹绵蚧、红蜘蛛、大蓑蛾、天牛等。

观赏特性及园林用途： 我国特有的名贵园林花木之一，早春先花后叶，花色洁白，芳香怡人，常与牡丹、海棠、桂花相配，寓意玉堂富贵。常见园林中孤植、散植，或于道路两侧作行道树。北方也有作桩景盆栽，孤植或小片丛植。

（摄影人：黄颂谊）

● 荷花玉兰

别名：广玉兰、洋玉兰

***Magnolia grandiflora* L.**

木兰科　木兰属

形态：常绿乔木，高 8~20 m。树皮褐色，平滑；幼枝具托叶环痕，芽被锈色绒毛。树冠宽圆卵形。叶互生，厚革质，叶面深绿色有光泽，老叶叶背被短绒毛而呈灰棕色。花单生于枝顶，花蕾硕大，花被片通常 9 片，3 轮，外 2 轮较大，匙形，花冠直径 15~25 cm，碗状，宛似荷花，纯白色，芳香。聚合果圆柱状长圆形，长 7~10 cm；种子扁卵形，红色。花期 3~6 月，种子 10 月成熟。

分布：原产于北美洲东南部。中国长江以南广泛栽培。

生长习性：喜光，幼时稍耐阴；喜温湿气候，有一定抗寒能力；适生于干燥、肥沃、湿润与排水良好微酸性或中性土壤，碱性土易黄化，忌积水；病虫害少；根系深广，抗风力强；实生苗树干挺拔，树势雄伟，适应性强。

栽培繁殖：常用播种和嫁接法繁殖，种子易失去发芽力，需随采随播；嫁接常用木兰或黄兰作砧木，嫁接苗木生长较快。移栽以早春为宜，但以梅雨季节最佳；移栽成活率低，需带土球；疏枝摘叶，力求保持树形完整。移栽前、移栽后使用生根剂，可促侧根发育，可有效增加移栽成活率；移栽时，用草绳裹干 2 m 左右以减少水分蒸发；移植后天气干旱，树冠喷雾或搭架高空喷雾，以降低叶片温度。

病虫害：常见的病虫害有炭疽病、白藻病、干腐病、介壳虫。

观赏特性及园林用途：树冠浑圆，树姿雄伟，花朵洁白，硕大，形似荷花芳香馥郁，叶阔荫浓，观赏价值高。在世界各地均有种植，可孤植、列植、丛植等形式用于园林绿化配置。耐烟抗风，对二氧化硫等有毒气体有较强抗性。

（摄影人：李鹏初、黄颂谊）

● 大叶木兰

别名：思茅玉兰、长喙厚朴

Magnolia henryi Dunn

木兰科　木兰属

观赏特性及园林用途：叶大浓绿，花大芳香，形态潇洒，是优秀的庭园观赏绿化树种。可于庭园中孤植、丛植、列植。

（摄影人：黄颂谊、丰盈）

形态：落叶乔木，高达 25 m。树皮淡灰色；芽、嫩枝被红褐色而皱曲叶面的长柔毛。叶大型，坚纸质，7~9 片集生于枝端，叶面绿色，有光泽，叶背苍白色，被红褐色而弯曲的长柔毛；叶柄粗壮，长 4~7 cm；托叶痕明显凸起，约为叶柄长的 1/3~2/3。花后叶开放，白色，芳香，直径 8~9 cm；花被片外轮 3 片背面绿而染粉红色，腹面粉红色，向外反卷；内两轮通常 8 片，纯白色，直立，基部具爪；雄蕊群紫红色。聚合果圆柱形，直立。花期 5~7 月，果期 9~10 月。

分布：中国云南西北部及西南部；泰国和缅甸东北部、老挝北部也有分布。生于海拔 500~1 500 m 的山地阔叶林中。华南地区有引种栽培。

生长习性：喜高温、高湿的气候，忌水涝，幼苗较耐阴，成年植株喜阳光充足。喜肥沃、疏松和排水良好的壤土。

栽培繁殖：播种或高压繁殖。播种以即采即播为佳，春季适合行高压法。小苗移栽后，应加强水分管理，每天喷浇 1 次，保持基质湿润。每 2 个月薄施复合肥 1 次。为了避免苗木烧根，可视其生长情况定期搬动容器苗。

● 紫玉兰

别名：木笔、辛夷

Magnolia liliiflora **Desr.**

木兰科　木兰属

　　形态：落叶灌木或小乔木，常丛生。树皮灰褐色，木质有香气，小枝绿紫色或淡褐紫色，有明显皮孔。叶椭圆状倒卵形或倒卵形，叶面为深绿色，幼嫩时疏生短柔毛，叶背为灰绿色，沿脉有短柔毛；侧脉每边8~10条，有叶柄和托叶痕。花蕾卵圆形，被淡黄色绢毛；花叶同时开放，瓶形，直立于粗壮、被毛的花梗上，稍有香气；花被片9~12，外轮3片，萼片状，紫绿色，内两轮肉质，外面紫色或紫红色，内面带白色；花丝深紫红色，侧向开裂，花柱淡紫色。聚合蓇葖果深紫褐色或褐色，圆柱形。花期3~5月，在湖南沅陵见有一年开4次花，果期8~10月。

　　分布：为中国特有植物，云南、福建、湖南、湖北、四川等地有分布，生长于海拔300~1 600 m的山坡林缘。华南地区广泛栽培。

　　生长习性：喜光，不耐阴；较耐寒，喜肥沃、湿润、排水良好的土壤，忌黏质土壤，不耐盐碱；忌水湿；根系发达，萌蘖力强，石灰质和白垩质的土壤中生长不良。

　　栽培繁殖：播种、扦插或嫁接繁殖。播种以即采即播为佳；早春适合行扦插和嫁接繁殖。不易移植和养护。盆栽土要保持润而不湿。

　　病虫害：主要病害有炭疽病、黄化病和叶片灼伤病。

　　观赏特性及园林用途：枝繁叶茂、树姿婀娜、花朵艳丽、芳香怡人，是优良的庭园、街道绿化植物，为中国有2 000多年历史的传统花卉和中药。花开约1个月，蔚为壮观，传统庭院的名贵观赏花木。

（摄影人：黄颂谊、丰盈）

● 二乔木兰

别名：二乔玉兰

Magnolia soulangeana Soul.-Bod.

木兰科　木兰属

中的"二乔"（吴国时的大乔、小乔）而得名，为驰名中外的庭园观赏树种。可孤植、丛植、列植或群植，营造充满浪漫喜庆的景象。

（摄影人：黄颂谊、陈峥）

形态： 落叶小乔木，高 3~10 m，分枝低，小枝无毛，嫩枝棕色，疏生圆形、白色皮孔；芽被灰色绢毛。叶纸质倒卵形，干时两面网脉凸起。花蕾卵圆形，花于枝顶单生，先叶开放，芳香，浅红色至深红色，花被片 6~9。聚合果长 8 cm，直径约 3 m，红褐色，具白色皮孔。花期 2~3 月，果期 9~10 月。

分布： 园艺杂交种，中国温带至南亚热带广为栽培。

生长习性： 性耐寒，喜光而耐半阴，耐旱瘠，对土壤要求不苛，忌积水，抗大气污染；萌生力强。我国南北花期可相差 4~5 个月。对低温有一定抵抗力，能在 -21℃条件下安全越冬。

栽培繁殖： 播种、嫁接、扦插、压条和组织培养均可。花后一般不结实，少量结实的果实在 9 ~ 10 月成熟。成熟的果实，在室内阴干，脱去表皮种子红色，忌日晒，发芽率 70%~80%。二乔木兰实生苗的株型好，适宜于地栽。要注意其为杂交种，后代性状不稳定。嫁接用劈接、芽接时成活率较高。压后当年生根，定植后 2~3 年能开花。

病虫害： 主要病虫害有立枯病、根腐病及蛴螬等地下害虫，茎干有天牛为害，盛夏时要防红蜘蛛。

观赏特性及园林用途： 早春开花满树，先花后叶，花大美丽，艳丽芳香。本种以其花之娇艳比拟唐代杜牧诗句"东风不与周郎便，铜雀春深锁二乔"

● 白兰

别名： 白缅花、白兰花、缅桂花、黄葛（桷、果）兰

Michelia alba DC.

木兰科　含笑属

形态：常绿乔木，高 10~25 m。干直，树皮灰色至灰褐色，平滑；枝广展，呈阔伞形树冠；揉枝叶有芳香；嫩枝及芽密被淡黄白色微柔毛，老时毛渐脱落。叶薄革质，长椭圆形或披针状椭圆形，上面无毛，下面疏生微柔毛，干时两面网脉均很明显。花于叶腋单生，花被片 10~12 片，白色，稍肉质，倒披针形，长 3~4 cm，芳香。聚合果，罕见结实。花期 4~6 月及 8~9 月。

分布：原产于印度尼西亚爪哇。世界热带地区和中国广东、广西、福建、云南等地常见栽培。

生长习性：喜光照充足、暖热湿润和通风良好的环境，不耐寒，不耐阴，也怕高温和强光，宜排水良好、疏松、肥沃的微酸性土壤，最忌烟气、台风和积水。在适温条件下长年开花不绝。

栽培繁殖：多用嫁接繁殖，用黄兰为砧木；也用空中压条或靠接繁殖。不宜长期在碱性土壤生长，栽植应选择避风向阳、排水良好和肥沃的地方。强光照射、暴晒易灼伤枝、叶。积水过多易烂根。喜肥，肥料充足才能花多香浓。

病虫害：主要病害有斑叶病、腐菌病、蚜虫病等。

观赏特性及园林用途：树形优美，花洁白清香，夏秋间开放，花期长，叶色浓绿，为著名的庭园观赏树种，常作遮阴树种、行道树种、风景林丛树种。花香极易引蜂蝶，是优良的生物诱引树种。花可熏茶、提取香精、药用，亦可将花朵置于几案营造满室芳香。

（摄影人：黄颂谊、陈峥）

● 黄兰

别名：黄玉兰、黄缅桂、大黄桂

***Michelia champaca* L.**

木兰科　含笑属

　　形态：与白兰非常接近。与白兰的主要区别：芽、嫩枝、叶背面和叶柄被淡黄色柔毛，花黄色，能结实。枝斜上展，呈狭伞形树冠。

　　分布：中国云南南部和西藏；印度、缅甸、越南也有分布。常生于海拔约 450 m 处。亚洲热带地区和我国长江以南有栽培。华南地区有栽培，生长良好。

　　生长习性：性喜温暖而颇耐寒，喜光而耐半阴，不耐干旱和积水；喜暖热湿润，喜酸性土；宜排水良好、疏松肥沃的微酸性土壤。抗大气污染。生长迅速，7~8 年生便可开花结果。

　　栽培繁殖：用播种和嫁接法繁殖。播种宜即采即播，发芽率达 90% 以上。春季开花前或秋季落叶后进行栽植，移栽时要带土球，裸根移栽不易成活。起苗前剪掉部分枝叶可减少水分蒸发。

　　病虫害：主要害虫有介壳虫，应及时防治。

　　观赏特性及园林用途：树形挺拔美观，花香味比白兰花更浓，金黄花朵颇具观赏性，为著名的木本花卉。适用于城乡绿化，尤其是有毒有害工矿区及城乡配植。在岭南地区常用作嫁接白兰、荷花玉兰等树木的砧木，亦可作用材树。

　　（摄影人：黄颂谊、陈峥、丰盈）

● 乐昌含笑

别名：南方白兰花、景烈白兰、景烈含笑

Michelia chapensis **Dandy**

木兰科　含笑属

形态：常绿乔木，高 20~40 m。干直，树皮平滑、灰色至深褐色，疏生凸起皮孔；小枝嫩时节上被灰色微柔毛。叶薄革质，互生，倒卵形或长圆状倒卵形，先端骤狭短渐尖，基部楔形或阔楔形，上面深绿色有光泽，无托叶痕，具浅纵沟。花于叶腋单生，白色或淡黄色，芳香。花期 3~4 月，果期 8~9 月。

分布：中国江西、湖南、广东、广西、贵州等地。生于海拔 500~1 500 m。

生长习性：喜温暖湿润的气候，生长适温为 15℃~32℃，能抗 41℃的高温，亦能耐寒。喜光，但苗期喜偏阴。喜深厚、疏松、肥沃、排水良好的酸性至微碱性土壤。能耐地下水位较高的环境，在过于干燥的土壤中生长不良。

栽培繁殖：常用播种繁殖，也可用扦插或嫁接法。种子忌晒干，宜即采即播，发芽率达 80%。聚合果需在阴凉通风的室内后熟，果壳自然开裂后取出种子，用湿沙贮藏。播种后 20~30 天就可萌发，苗床不可过湿或积水，不需要施肥，防止干旱、水涝、高温、低温等，适当遮阴，易受霜冻，需采取防寒保暖措施。

病虫害：主要病虫害有猝倒病、地老虎。

观赏特性及园林用途：自然生长的塔形树冠，挺拔高大，树荫浓郁，花香怡人，可用于园林中孤植、丛植，或用作行道树。也可用于有毒有害工矿区绿化、配置卫生保健林、防护隔离林带；可营造生态公益林、大气污染防护林、防风林。

（摄影人：黄颂谊）

● 火力楠

别名：醉香含笑

***Michelia macclurei* Dandy**

木兰科　含笑属

　　形态：常绿乔木，高达 30 m。树皮灰白色，光滑不开裂；芽、嫩枝、叶柄、托叶及花梗均被红褐色短绒毛。叶革质，倒卵形或长圆状椭圆形，先端短急尖或渐尖，基部楔形或宽楔形，下面被灰色毛杂有褐色平伏短绒毛，聚伞花序，花被片白色，通常 9 片，匙状倒卵形或倒披针形。花期 3~4 月，果期 9~11 月。

　　分布：中国广东、海南及广西北部；缅甸、尼泊尔、印度、越南北部也有分布。生于海拔 500~1 000 m 的山地林中。

　　生长习性：喜温暖湿润的气候，喜光稍耐阴，喜土层深厚的酸性土壤。耐旱，耐瘠，萌芽力强，耐寒性较强，具有一定的抗风能力。

　　栽培繁殖：播种、高压或嫁接繁殖。播种以即采即播为佳；早春适合高压或嫁接繁殖。成年树移植宜在半年前做断根处理。春至夏季每 1~2 个月施肥 1 次，增施磷、钾肥，能促进开花结果。

　　观赏特性及园林用途：树形美观，枝叶繁茂，花香浓郁，花感强烈，景色壮丽，是园林中优良的观花乔木。适宜广场绿化、庭院绿化及道路绿化，孤植、列植、丛植、群植均宜；成林具有一定的抗火能力，可营造防火林。

（摄影人：李鹏初、黄颂谊）

● 深山含笑

别名：光叶白兰花、莫夫人含笑花

***Michelia maudiae* Dunn**

木兰科　含笑属

形态：常绿乔木，高6~20 m。各部均无毛；树皮薄、浅灰色或灰褐色，平滑不裂；芽、嫩枝、叶下面、苞片均被白粉。叶互生，革质，长圆状椭圆形，很少卵状椭圆形，先端骤狭短渐尖或短渐尖而尖头钝，基部楔形，阔楔形或近圆钝，上面深绿色，有光泽，下面灰绿色，被白粉，叶柄无托叶痕。花芳香，花被片9片，纯白色，基部稍呈淡红色。聚合蓇葖果结成一串，紫红色，具白点。花期2~3月，果期9~10月。

分布：中国浙江南部、福建、湖南、广东、广西、贵州。生于海拔600~1 500 m。

生长习性：喜温暖、湿润环境，有一定耐寒能力。喜光，幼时较耐阴。自然更新能力强，生长快，适应性广。抗干热，对二氧化硫抗性较强。喜土层深厚、疏松、肥沃而湿润酸性砂质土。根系发达，萌芽力强。

栽培繁殖：播种繁殖。种子可随采随播，也可用湿沙贮藏。

病虫害：主要病虫害有根腐病、炭疽病、茎腐病、蛴螬等。

观赏特性及园林用途：树姿优美，叶鲜绿，花纯白艳丽高雅，芳香馥郁，为庭园观赏树种。可用于营造庭荫树、风景林丛；可营造滞尘减噪防护林、生态公益林，常作混交林中上层结构树种。

（摄影人：黄颂谊、丰盈、李鹏初）

● 观光木

别名：香花木、香木楠、宿轴木兰

***Tsoongiodendron odorum* Chun**

木兰科　观光木属

　　形态：常绿乔木，高达 30 m，胸径 1 m。新枝、芽、叶柄、叶下面密被褐色柔毛。树皮淡灰褐色，具深皱纹。叶片上面绿色，有光泽，托叶痕几达叶柄中部。花两性，单生叶腋，淡紫红色，芳香。聚合果长椭圆形，长达 13 cm，垂悬于具皱纹的老枝上。花期 3~4 月，果期 10~12 月。

　　分布：中国广东、广西、海南、福建、江西、云南和香港等地；越南也有分布。生于热带到中亚热带南部地区的常绿阔叶林中，海拔 500~1 000 m。国家 II 级保护植物。

　　生长习性：喜温暖湿润气候及深厚肥沃的土壤。弱阳性树种，有较强的萌生能力，幼龄耐阴，根系发达，树冠浓密。酸性至中性土壤中长势良好，适合中国淮河流域及以南地区栽植。

　　栽培繁殖：种子繁殖。种子易丧失发芽力，不宜干藏，宜即采即播。也可用深山含笑作砧木嫁接。萌芽力强。

　　病虫害：主要虫害有木兰突细蛾。

　　观赏特性及园林用途：树冠浓密，花多而美观、具芳香味，可提取香料；果实独特，红果垂于老枝，是优良庭园观赏树种。可广泛用于景区、行道、庭院等处绿化，孤植和群植均成景观。适宜营造生态公益林、各种防护林，常作混交林中上层结构树种。

（摄影人：黄颂谊、叶育石）

● 番荔枝

别名: 洋波罗、番芭萝、番鬼荔枝、佛头果、释迦

Annona squamosa **L.**

番荔枝科　番荔枝属

　　形态: 落叶小乔木; 树皮薄, 多分枝。叶薄纸质, 椭圆状披针形, 叶背苍白绿色; 侧脉上面扁平, 下面凸起。花单生或 2~4 朵聚生于枝顶或与叶对生, 青黄色; 聚合浆果圆球状或心状圆锥形, 无毛, 黄绿色, 外面被白色粉霜。表皮满布疙瘩。花期 5~6 月, 果 6~11 月。

　　分布: 原产热带美洲; 现全球热带地区有栽培。中国浙江、台湾、福建、广东、广西和云南等地有栽培。

　　生长习性: 喜光, 喜温暖湿润气候, 要求年平均温度在 22℃以上, 不耐寒; 适生于深厚肥沃排水良好的砂壤土。

　　栽培繁殖: 繁殖方法有种子繁殖、嫁接繁殖。实生苗具有早结丰产特性, 但其性状难保持, 早衰。嫁接方法多随季节而定, 春季韧皮部不易削离, 可用芽接法、枝接法嫁接。忌旱又怕积水, 雨季要注意及时排除积水, 积水易染根腐病。生产上可培养矮化、分枝多、枝条分布均匀的圆头形树冠。

　　病虫害: 主要病害有蒂腐病、凋萎病、根腐病。

　　观赏特性及园林用途: 果可食用, 外形酷似荔枝, 故名"番荔枝", 为热带地区著名水果。适宜在园林绿地中栽植观赏, 孤植或丛植效果均佳。

　　　　　　　　　　（摄影人: 陈崝、邓双文）

● 垂枝暗罗

别名：印第安塔树、鸡爪树、垂枝长叶暗罗

***Polyalthia longifolia* (Sonn.) Thwaites 'Pendula'**

番荔枝科　暗罗属

　　形态：常绿乔木，高达 8 m。主干高耸挺直，侧枝纤细，具下垂性。叶互生，下垂，狭披针形，长 10~18 cm，翠绿色，叶缘波状。花腋生或与叶对生，黄绿色，味清香。花瓣 6 枚，2 轮。果为聚合浆果。花期 3 月。

　　分布：园艺栽培品种。中国广东、海南、云南、广西、福建等地有引种。

　　生长习性：喜高温、光照充足，生长适温约 22℃~32℃，冬季需温暖避风越冬。栽培土质以富含有机质的砂质壤土为佳，排水需良好，日照充足时枝叶较集中，树形较美观。耐热、耐干旱、耐贫瘠土壤，成株耐风，不耐阴。生长较慢。

　　栽培繁殖：种子繁殖。定植前挖穴宜大，不耐移植。

　　观赏特性及园林用途：主干明显，树形修长而优美，枝叶茂密、柔软并下垂，树冠整洁美观，呈锥形或塔状，风格独特，适宜庭院、公园绿化。可列植、丛植或群植。

（摄影人：黄颂谊）

● 阴香

别名：桂树、春桂、土肉桂、假桂枝、山桂、月桂

Cinnamomum burmannii (Nees et T. Nees) Bl.

樟科　樟属

形态：常绿乔木，高 8~25 m。树皮光滑，灰褐色至黑褐色，内皮红色，味似肉桂。枝条具纵向细条纹，叶革质，互生或近对生，卵圆形、长圆形至披针形，先端短渐尖，基部宽楔形，革质，具离基三出脉，圆锥花序腋生或近顶生。花绿白色。果卵球形。花期主要在秋、冬季，果期主要在冬末及春季。

分布：中国湖北西部、四川东部、贵州西南部、广西及云南东南部，亚洲东南部也有分布。生于海拔 100~1 400 m 的河边山坡灌丛中。华南地区广泛栽培。

生长习性：喜阳光，稍耐阴，喜暖热湿润气候，喜排水良好，深厚肥沃的砂质壤土。自播力强，母株附近常有天然苗生长。适应范围广，中亚热带以南地区均能生长良好。

栽培繁殖：用种子繁殖，宜即采即播，堆沤数天，待果肉充分软化后，用冷水浸渍，搓去果皮，清水冲去果肉，摊开晾干。幼苗期适当遮阴，防日灼。

病虫害：主要病害有阴香粉病为害果实，使果实畸形肿大，呈球形或不规则形。

观赏特性及园林用途：树冠圆整，叶具光影效果，可吸引鸟类，广泛应用于城市绿化。常作遮阴树种、行道树种，幼树的自然冠形特别，具有整形修剪效果，极宜用于规则式园林中配植，或作建筑基础栽植材料。常作嫁接肉桂的砧木。

（摄影人：黄颂谊、李鹏初）

● 樟树

别名：香樟、樟木、瑶人柴、栳樟、臭樟、油樟

***Cinnamomum camphora* (L.) Presl**

樟科　樟属

　　形态：常绿乔木，高可达40 m。全株具有樟脑的气味。树冠广卵形，枝叶茂密；树皮幼时绿色，平滑，老时渐变为黄褐色或灰褐色，纵裂。叶薄革质，互生，卵形或椭圆状卵形，顶端短尖或近尾尖，基部圆形，离基三出脉，叶背面微被白粉，脉腋有明显腺点。圆锥花序腋出，花黄绿色。球形的小果实成熟后为黑紫色。花期4~5月，果期10~11月。

　　分布：中国长江以南及西南；越南、朝鲜、日本也有分布。生于亚热带土壤肥沃的向阳山坡、谷地及河岸平地。华南地区广泛栽培。

　　生长习性：喜温暖湿润气候，在肥沃、深厚的酸性或中性的黄壤和红壤中生长良好，不耐干旱瘠薄和盐碱土，广泛栽培。根系发达，但遇硬物就停止生长，对建筑物不会造成危害；适合长江流域以南地区栽培种植。寿命长。

　　栽培繁殖：多播种繁殖，冬季随采随播。用高锰酸钾溶液浸泡2小时杀菌，用50℃温水间歇浸种2~3次催芽。产苗量每亩2万株左右，出圃苗带土，移栽次数越多，根系越发达，成活率越高。

　　病虫害：主要病虫害有立枯病、樟梢卷叶蛾。

　　观赏特性及园林用途：树姿雄伟，树冠浓郁，枝叶幢幢，终年苍郁，挥发性芳香性物质对人体有保健作用。常作独赏树种、遮阴树种、行道树种及防护树种；也可用于营造生态林、大气污染防护林、防风林。

（摄影人：黄颂谊）

● 大叶樟

别名：黄樟

***Cinnamomum porrectum* (Roxb.) Kosterm.**

樟科　樟属

形态：常绿乔木，高可达 20 m，胸径达 40 cm。树干通直，树皮暗灰褐色，上部为灰黄色，深纵裂，小片剥落，内皮带红色，具有樟脑气味；叶片革质，无毛，通常为椭圆状卵形或长椭圆状卵形，先端通常急尖或短渐尖，基部楔形或阔楔形，上面深绿色，下面色稍浅，两面无毛或仅下面腺窝具毛簇，羽状脉。圆锥花序于枝条上部腋生或近顶生，花小，绿带黄色。果球形；果托狭长倒锥形，红色，有纵长的条纹。花期 3~5 月，果期 4~10 月。

分布：中国广东、广西、福建、江西、湖南、贵州、四川、云南；巴基斯坦、印度、马来西亚、印度尼西亚等国也有分布。生于海拔 1 500 m 以下的常绿阔叶林或灌木丛中。

生长习性：喜光，稍耐阴，在中等郁闭度林中长势旺盛，喜温暖湿润气候。喜深厚、肥沃、排水良好的山地土壤，忌积水。抗风和抗大气污染。生长速度快，寿命长。

栽培繁殖：种子繁殖。种子即采即播或沙藏至春季再播种。出圃时移栽要带土球，大苗移栽要适当修剪。

病虫害：主要虫害有红蜘蛛、地老虎。

观赏特性及园林用途：树形与樟树相似，而树冠更紧凑浓密，冠大浑圆，四季常青。常作独赏树种、遮阴树种、行道树种及防护树种；于庭前、屋隅、路旁、水边、湖畔、草坪以及平地或山坡种植均适宜。也可用于营造生态林、大气污染防护林、防风林。空旷地孤植，可独树成景；丛植、群植则景观浑厚；可作为背景树，突出主景。

（摄影人：李鹏初、黄颂谊）

● 潺槁树

别名：潺槁木、潺槁木姜子、青胶木、树仲、油槁树、胶樟、青野槁

***Litsea glutinosa* (Lour.) C. B. Rob.**

樟科　木姜子属

　　形态：常绿乔木，高达 15 m。树皮光滑，呈灰色。叶互生，椭圆形，革质，叶面深绿色，有光泽，叶背淡绿色，先端钝或圆，幼时两面均有毛，老时上面仅中脉有毛。伞形花序腋生，初夏时花繁满树；花细小，腋生，淡黄色，芳香。果实为球形浆果，成熟时深褐色至黑色。花期 5~6 月，果期 9~10 月。

　　分布：中国云南、广西、广东、福建；印度、缅甸、菲律宾等地也有分布。常见于海拔 1 900 m 以下；疏林、灌木丛及海边地带。

　　生长习性：喜光，喜温暖至高温湿润气候，耐干旱，耐瘠薄，不耐寒，对土质要求不严，抗风。

　　栽培繁殖：播种繁殖。种子宜随采随播，或沙藏至春季播种。栽培土质以壤土或砂质壤土为佳。排水需良好，光照要充足。

　　观赏特性及园林用途：树形浑厚，枝叶稠密；初夏时金黄色花满枝，适用于城市各类绿地，尤其适宜在有毒有害工矿区配植；可作遮阴树种、防护树种、林丛树种。

（摄影人：李鹏初、黄颂谊）

● 鱼木

别名：虎王、台湾三脚鳖、树头菜

Crateva formosensis (Jacobs) B. S. Sun

白花菜科　鱼木属

形态： 落叶乔木，高达 15 m。茎常中空，散生皮孔。三出复叶；小叶薄革质，不易破，基部不对称，顶端渐尖至长渐尖，有急尖的尖头，侧脉纤细，腺体明显。花序顶生，有花 10~15 朵；花瓣叶状有柄，花初白色，后变成黄色。浆果球形至椭圆形，红色。花期 4~7 月，果期 10~11 月。

分布： 中国台湾、广东、广西、四川等地；日本、越南、马来西亚和印度也有分布。生于海拔 400 m 以下的沟谷或平地、低山水旁或石山密林中。

生长习性： 喜光，喜温暖、湿润的环境，稍耐寒，不耐干旱。喜肥沃且排水良好的壤土或砂质壤土。树皮和果实有毒。

栽培繁殖： 播种或扦插繁殖。扦插季节应选在 12 月至翌年 2 月，成活率较高；3 月份顶芽萌发后，扦插成活率低。

观赏特性及园林用途： 树形优美，抗风性良好，可作景观树、庭园树或行道树。木材质地轻软，可雕刻成小鱼状，用来钓乌贼，故名鱼木。春末开花，紫红色的花丝细长，花姿美丽，盛花时节犹如群蝶纷飞，观赏效果极佳。适合用于城市各类绿地，尤其适宜滨海地区城市绿化配植，还可用于营造水土保持林，护岸固堤林、水源涵养林。

（摄影人：黄颂谊、李鹏初）

● 杨桃

别名：五敛子、洋桃、阳桃、五稔

Averrhoa carambola **L.**

酢浆草科　阳桃属

形态：常绿小乔木或灌木，高3~8 m。树皮灰褐色，平滑，小枝具棕色突起小皮孔。奇数羽状复叶互生，小叶互生或近对生，卵形至椭圆形，顶端渐尖，基部圆，一侧歪斜。花小，两性，腋生圆锥花序，花枝和花蕾深红色；花瓣背面淡紫红色，边缘色较淡，有时为粉红色或白色；果通常具5棱，少有3棱或6棱，淡绿色或蜡黄，有时带暗红色，多汁，味甜，野生种味酸。每年开花3~4次，花期5~10月，果期9~12月。

分布：原产马来西亚、印度尼西亚，广泛种植于热带各地。中国广东、广西、福建、台湾、云南有栽培。

生长习性：喜高温湿润气候，不耐寒。以土层深厚、疏松肥沃、富含腐殖质的壤土栽培为宜。怕霜害和干旱，久旱和干热风引起落花落果；喜半阴而忌强烈日照，特别在开花期和幼果期；喜微风而怕台风，果梗纤弱，台风造成大量落花落果。对土壤的要求不严，适宜pH值5.5~6.5。

栽培繁殖：可采用播种繁殖、压条、圈枝和嫁接等方法。常用芽接、切接和劈接等。以春季（2~5月）和秋季（9~10月）为嫁接最适期。

病虫害：主要病虫害有炭疽病、赤斑病、鸟羽蛾、黑点褐卷叶蛾、红蜘蛛和果蝇。

观赏特性及园林用途：多作经济林栽培，树形优美，花粉红，果形别致，观赏价值高。园林多用孤植、丛植，也可盆栽观花、观果。

（摄影人：李鹏初、黄颂谊）

● 紫薇

别名：细叶紫薇、痒痒花（树）、百日红、无皮树、满堂红

Lagerstroemia indica **L.**

千屈菜科　紫薇属

　　形态：落叶灌木或小乔木，高可达 7 m。幼干年年生表皮，树皮平滑，灰色或灰褐色；表皮脱落以后，树干显得新鲜而光滑；老干光滑无皮；枝干多扭曲。叶互生，纸质，椭圆形、阔矩圆形或倒卵形，顶端短尖或钝形，有时微凹，基部阔楔形或近圆形，无柄或叶柄很短。花色鲜艳美丽，花期长，花淡红色、紫色或白色，常组成顶生圆锥花序；蒴果椭圆状球形，幼时绿色至黄色，成熟呈紫黑色，室背开裂。花期6~9月，果期9~12月。

　　分布：中国长江流域以南各地。生于山坡疏林灌丛中。热带、亚热带地区广泛种植。

　　生长习性：耐旱、怕涝，喜温暖潮润，喜光、喜肥，对二氧化硫、氟化氢及氮气的抗性强，能吸收有害气体，对土壤要求不严。耐修剪，萌蘖性强。良好，有较强抗寒力。生长较慢，生命力强。

　　栽培繁殖：可采用播种、分株、扦插繁殖。大苗移植要带土球，并适当修剪枝条，否则成活率较低。

　　病虫害：主要病虫害有白粉病、褐斑病、长斑蚜。

　　观赏特性及园林用途：树姿优美，树干奇特。花序硕大、花色艳丽、花期较长，观赏价值很高，是营造夏季植物景观的重要树种，热带和温带地区广泛栽培。常以小乔木或大灌木的形式种植于庭园、公园、公共绿地以及道路绿化带上。

（摄影人：李鹏初、黄颂谊）

● 大花紫薇

别名： 大叶紫薇、百日红、五里香、红薇花、佛泪花

***Lagerstroemia speciosa* (L.) Pers.**

千屈菜科　紫薇属

形态：落叶乔木，高 5~20 m。树皮灰色，平滑；叶革质，矩圆状椭圆形或卵状椭圆形，稀披针形，顶端钝形或短尖，基部阔楔形至圆形，粗壮。花淡红色或紫色，直径 5 cm，顶生圆锥花序长 15~25 cm，花轴、花梗及花萼外面均被黄褐色密毡毛；花瓣 6，近圆形至矩圆状倒卵形。蒴果球形至倒卵状矩圆形 6 裂，褐灰色，具宿存柱头。种子多数。花期 5~7 月，果期 10~11 月。

分布：原产印度、斯里兰卡、马来西亚、菲律宾和越南。中国华南地区广泛栽培。

生长习性：喜阳光而稍耐阴，但在荫蔽下不开花；喜温暖湿润，喜生于石灰质土壤；耐干瘠，较耐水湿；抗风，抗大气污染。萌生力强，耐修剪。

栽培繁殖：繁殖以播种和扦插为主，宜随采随播。蒴果由青绿色变浅褐色未裂开时采种育苗；根系发达，移栽后成活率高；冬季落叶休眠后修剪，剪去残留花枝、果枝、过密枝、病虫枝。

病虫害：主要病虫害有斑点病、炭疽病、豹纹木蠹蛾、毒蛾类、刺蛾类和蓟马类。

观赏特性及园林用途：树形如伞，花大色艳，灿烂夺目，且花期长；冬季落叶前叶变橙红色或紫红色，春季萌发嫩叶淡紫色，为美丽的观花和彩叶树种。宜作行道树或于庭园作风景树孤植、丛植。也可盆栽观赏。

（摄影人：李鹏初、周金玉）

● 八宝树

Duabanga grandiflora (Roxb. ex DC.) Walp.

海桑科　八宝树属

形态：常绿乔木，高达 30 m。树皮褐灰色，有皱褶裂纹；枝下垂，螺旋状或轮生于树干上，叶对生全缘，叶阔椭圆形、矩圆形或卵状矩圆形，顶端短渐尖，基部深裂成心形，裂片圆形。大型伞房花序顶生；花瓣 5，黄白色，近卵形，有波纹，略具四棱，成熟时从顶端向下开裂成 6~9 枚果爿。花期春季，果熟期 5~6 月。

分布：中国云南南部，广西西南部；南亚及东南亚也有分布。生于海拔 200~1 500 m 的山谷或溪边林中。华南地区常见栽培。

生长习性：喜光，怕霜冻。喜湿怕干，喜排水良好的微酸性疏松土壤，在空气湿度大、土壤水分充足的情况下，茎叶生长茂盛。忌积水烂根。

栽培繁殖：常用扦插和播种繁殖。幼株进行疏剪、轻剪，以造型为主，受害落叶后可进行重修剪。对乙烯高度敏感，贮运过程中容易发生落叶现象，在运输前 2 周喷洒 0.4 mmol/L 硫代硫酸银溶液来抑制盆栽八宝树乙烯的产生。

病虫害：主要病虫害有叶斑病、炭疽病、蚧壳虫、红蜘蛛、蓟马和潜叶蛾等。

观赏特性及园林用途：姿态高耸，气势雄伟；枝叶茂密，冠如绿盖；枝条下垂，潇洒美丽。适用于城市各类绿地，可作独赏树种、庭荫树种、行道树、风景林树种。特别适合庭园、公园、风景区、森林公园配植，可于草坪、湖畔、河边、道路拐弯外缘或花坛中心孤植。可营造水土保持林、水源涵养林。

（摄影人：黄颂谊、周金玉）

● 无瓣海桑

Sonneratia apetala Buch.-Ham.

海桑科　海桑属

形态：常绿乔木。主干圆柱形，有笋状呼吸根伸出水面；茎干灰色，幼时浅绿色。小枝纤细下垂，有隆起的节。叶对生，厚革质，椭圆形至长椭圆形，叶柄淡绿色至粉红色。总状花序，花瓣缺，柱头蘑菇状。浆果球形，每果含种子 50 粒左右。

分布：原产孟加拉国、印度、缅甸和斯里兰卡。中国广东、海南有栽培。

生长习性：阳性红树林先锋树种，正常生长要求极端低温大于 5℃，在气温突降时会有轻度寒害表现。具有较高的耐盐能力，在盐度 25‰内可正常生长。

栽培繁殖：种子繁殖或容器育苗。对潮带的适应能力较强，向陆方向可生长于中高潮滩的海莲林、角果木林外缘。在粉壤至黏土均能正常生长，在淤泥深厚、松软肥沃的中低潮滩长势最好。结合潮位的高低情况选择 40~70 cm 高苗造林，通常是潮位高选择矮苗，潮位低选择高苗。

病虫害：主要病虫害有立枯病、炭疽病、迹斑绿翅蛾、报喜斑粉蝶。

观赏特性及园林用途：树形婆娑，叶色浓绿，花型奇特，根系发达，为红树林群落的一员，是咸、淡水滩涂绿化都能应用的优良树种，广泛用于湿地公园滨水景观林及护岸固土林种植。

（摄影人：李鹏初、周金玉）

● 土沉香

别名：莞香、香材、白木香、牙香树、栈香、青桂香、崖香、沉香

Aquilaria sinensis (Lour.) Spreng.

瑞香科　沉香属

形态：常绿乔木，树高达 20 m。皮暗灰色，几平滑，树冠广卵形或伞形。叶革质，圆形、椭圆形至长圆形，有时近倒卵形，先端锐尖或急尖而具短尖头，基部宽楔形，上面暗绿色或紫绿色。花芳香，黄绿色，伞形花序；萼筒浅钟状。蒴果长卵形或纺锤形，密被黄色短柔毛，基部收缩并有宿存花萼，熟时黄绿色。花期春、夏季，果期夏、秋季。

分布：中国特有树种。广东、海南、广西、福建。喜生于低海拔的山地、丘陵以及路边阳处疏林中。国家Ⅲ级重点保护濒危植物。

生长习性：喜土层厚、腐殖质多的湿润而疏松的砖红壤或山地黄壤；喜温暖湿润气候，耐短期霜冻，耐旱，幼龄树耐阴，成龄树喜光，抗风。生长迅速，萌蘖力强，树皮剥离后也能再生。

栽培繁殖：常用种子繁殖。育苗移栽，以追施人畜粪水和复合肥为主。在冬季植株进入休眠或半休眠期，要把瘦弱、病虫、枯死、过密等枝条剪掉。在瘠薄的土壤上生长缓慢，长势差。

病虫害：主要虫害有卷叶蛾、天牛、金龟子。

观赏特性及园林用途：树形美观，枝叶浓密，叶厚而光亮；花开芳香，易招蜂引蝶；秋果像灯笼，果熟开裂后种子以细丝牵垂，玲珑雅趣。适宜用于庭园观赏，可丛植、群植、或林植；也可作行道及盆栽植物。

附注：药用"沉香"系因其树干损伤后真菌侵入，并经生物化学变化，多年沉降于树干基部，凝结成香脂，黑褐色，质重坚硬沉水，燃烧气香，故名沉香，另有产于印度、缅甸等地的同属植物 *Aquilaria agallocha* 也称沉香，故国产沉香称为土沉香。

（摄影人：黄颂谊、叶育石）

● 银桦

别名：绢柏、丝树、银橡树

***Grevillea robusta* A. Cunn. ex R.Br.**

山龙眼科　银桦属

　　形态：常绿乔木，高 5~20 m。树冠高大整齐，圆锥形，主干端直，树形优美。树皮暗灰色或暗褐色，具浅皱缩纵裂；嫩枝被锈色绒毛。叶互生，二回羽状深裂，上面无毛或具稀疏丝状绢毛，下面被褐色绒毛和银灰色绢状毛，边缘背卷；叶柄被绒毛。因其叶背银白色故名"银桦"。总状花序，长 7~14 cm，腋生，或排成少分枝的顶生圆锥花序，花序梗被绒毛；花梗长 1~1.4 cm；花橙色或黄褐色，盛开时与银叶相衬，美丽瞩目。果卵状椭圆形，稍偏斜，果皮革质，黑色。花期 3~5 月，果期 6~8 月。

　　分布：原产于澳大利亚东部；中国云南、四川西南部、广西、广东、福建、江西南部、浙江、台湾等地有引种。全世界热带、亚热带地区有栽种。

　　生长习性：喜光，喜温暖、湿润气候、根系发达，较耐旱。不耐寒，遇重霜和 –4℃ 以下低温，枝条易受冻害。在肥沃、疏松、排水良好的微酸性砂壤土上生长良好。对烟尘及有毒气体抗性较强。

　　栽培繁殖：播种繁殖。宜种熟采下即播。成树移植较难，移大苗宜带土球，于雨季进行，并适当疏枝、去叶，减少蒸发，以利成活。不宜重修剪，打顶后树姿极难复原。

　　病虫害：主要病虫害有心腐病、白粉病、锈病、杨柳光叶甲和舞毒蛾等。

　　观赏特性及园林用途：树干笔直，树形美观，尤其在开花季节，满树橙黄，在万绿丛中异常夺目。可用作景观树和行道树，亦可混种于风景林中优化林相景观。

（摄影人：李鹏初、丰盈）

● 第伦桃

别名：五桠果、桠果木

Dillenia indica L.

五桠果科　五桠果属

形态：常绿乔木，高约 25 m。树皮红褐色，平滑，大块薄片状脱落；嫩枝粗壮，有褐色柔毛，老枝秃净，有明显的叶柄痕迹。叶薄革质，矩圆形或倒卵状矩圆形，先端近于圆形，基部广楔形，不等侧，边缘有明显锯齿，齿尖尖锐；花单生于枝顶叶腋内；萼片 5 个，肥厚肉质，近于圆形；花瓣白色，倒卵形。果实近圆球形，直径 10~15 cm，不裂开，黄绿色，成熟时红色，包于增大的萼片内，萼片肥厚，稍增大。花期 3~4 月，果熟期 8~9 月。

分布：中国云南南部；印度、斯里兰卡、马来西亚、印度尼西亚及中南半岛等地也有分布。生于山谷或溪旁。华南地区常见栽培。

生长习性：喜光，不耐阴；喜温暖、湿润气候，喜深厚的砖红壤土，稍耐水湿。

栽培繁殖：播种繁殖。果实成熟后，取出种子，浸于温热水中 1 小时，随即播于砂质壤土为介质的苗床，约经 1 个月便能发芽，1~2 年可移植。生长迅速，3~4 年便能长达 3~5 m，7~8 年可开花结实。移植时可采用裸根移植，但要注意不可干燥。若在雨天移植，成活率高。大树移栽时要带土球，夏季生长后可适当修剪整形。

病虫害：主要病虫害有枝干腐烂病、叶斑病、红蜘蛛、黄蜘蛛、举尾虫、黄毛虫、天牛、枇杷灰蝶、梨小食心虫等。

观赏特性及园林用途：树冠浑厚，亭亭如盖，花型大，果球硕大，奇异有趣；适用于城市各类绿地，宜作庭荫树及行道树。适合在草坪、湖畔、河谷、溪边或地势稍低处配植，可营造护岸固堤林、水土保持林、水源涵养林。深根性，抗风力较强。

（摄影人：黄颂谊）

● 大花第伦桃

别名：大花五桠果

***Dillenia turbinata* Fin. et Gagne.**

五桠果科　五桠果属

形态：常绿乔木，高 10~25 m。树冠广伞形或卵圆形。嫩枝粗壮，有褐色绒毛；老枝秃净，干后暗褐色。叶革质，边缘具波状小锯齿，倒卵形或长倒卵形，先端圆形或钝，有时稍尖，基部楔形，不等侧，幼嫩时上下两面有柔毛，老叶上面变秃净，干后稍有光泽，下面被褐色柔毛，侧脉羽状，在背面隆起，排列整齐。总状花序生枝顶。花大，直径 10~12 cm，有香气；花瓣薄，黄色，有时黄白或浅红色。果实近于圆球形，不开裂，暗红色。花期 1~5 月，果期 7~10 月。

分布：中国海南、广西及云南；越南也有分布。

生长习性：喜高温、湿润、阳光充足的环境，生长适温 18℃~30℃。对土壤要求不严，但在土层深厚、湿润、肥沃的微酸性壤土中生长最好，不宜种植于砾土或碱性过强的土壤中。生长迅速，根系深，不怕强风吹袭。

栽培繁殖：播种繁殖。采种后即播或阴干春播。雨天移植，成活率高。大树移栽时需带土球，夏季生长后可适当修剪整形。

病虫害：常见病虫害有枝干腐烂病、叶斑病、红蜘蛛、黄蜘蛛、举尾虫、黄毛虫、天牛、枇杷灰蝶、梨小食心虫等。

观赏特性及园林用途：树姿优美，叶大浓密，嫩叶红艳，树冠开展如盖，下垂至近地面，具有极高的观赏价值。花大耀眼，果红娇艳，花瓣凋落后，花萼包被果实（常误认为大花蕾）至果熟期才脱落，花果延续枝端，别具特色，是春夏观花观果的常绿树种，是创造鸟语花香境界极为理想的植物。适用于城市各类绿地，可作独赏树种、庭荫树种、风景林丛树种。

（摄影人：黄颂谊、丰盈）

● 红木

别名：胭脂木

***Bixa orellana* L.**

红木科　红木属

　　形态：常绿灌木或小乔木，高达 10 m。枝棕褐色，密被红棕色短腺毛。叶心状卵形或三角状卵形，先端渐尖，基部圆形或几截形，有时略呈心形，边缘全缘，基出脉 5 条，掌状。圆锥花序顶生，序梗粗壮，密被红棕色的鳞片和腺毛；花较大，萼片 5，倒卵形，外面密被红褐色鳞片，基部有腺体；花瓣粉红色。蒴果近球形或卵形，密生栗褐色长刺，2 瓣裂。种子外有红色的果瓤，倒卵形。

　　分布：原产于美洲热带地区。中国云南、广东、台湾等地有栽培。

　　生长习性：喜光；喜高温、湿润的气候，不耐寒。对土质要求不严，但喜肥沃、湿润的土壤。

　　栽培繁殖：播种繁殖。秋季为适期。

　　观赏特性及园林用途：树形整齐，盛花时繁花满树，甚为壮观，果实红色，十分美丽，为园林植物的佳品。宜作庭院树、园道树，孤植、丛植皆可。

（摄影人：李鹏初、黄颂谊）

● 红花天料木

别名：母生、子母树、山红罗、高根、红花母生

***Homalium hainanense* Gagnep.**

大风子科　天料木属

　　形态：常绿乔木，高 8~15 m。树皮灰色，不裂；叶革质，长圆形或椭圆状长圆形，稀倒卵状长圆形，先端短渐尖，基部楔形或宽楔形，边缘全缘或有极疏不明显钝齿，两面被短柔毛，边缘具短睫毛。总状花序，花序梗密被短柔毛。花外面淡红色，内面白色。蒴果倒圆锥形。花期 6 月至第二年 2 月，果期 10~12 月。

　　分布：中国海南；东南亚也有分布，海拔 400~1 200 m。

　　生长习性：喜光，幼树梢耐阴。适生于年平均温度 22℃~24℃，最冷 1 月份在 15℃以上地区。喜肥沃、疏松、排水良好的土壤，在坡度较缓、土层深厚、腐殖质丰富的土壤生长良好。根系发达，具有抗风能力。

　　栽培繁殖：多用播种育苗，蒴果成熟后易于脱落，宜及时采种。种子 3 个月内失去生活力，发芽率 30% 左右。也可扦插繁殖，造林多在雨季进行。定植后 1~2 年生长较慢，要精细管理。

　　病虫害：幼树阶段有杨扇舟蛾、母生小木虱、母生蓟马等为害嫩叶或幼芽，大蟋蟀能咬切幼树，星天牛则能伤害树干和树枝。

　　观赏特性及园林用途：树形美观，树干挺直，适应性强，育苗、造林容易，是迹地更新和低海拔地区造林的优良树种。经多次砍伐重新生长形成的多干大树颇具观赏价值，被称为子母树。应用于各类园林景观中。嫩叶呈紫红色，花序粉红色，花期长，适合用在城市各类绿地，可作遮阴树种、行道树种、风景林丛树种；可营造水土保持林、水源涵养林、护岸固堤林。

（摄影人：黄颂谊、丰盈）

● 山茶

别名：茶花

***Camellia japonica* L.**

山茶科　山茶属

形态：常绿灌木或小乔木，高 9 m。叶革质，椭圆形，先端略尖，或急短尖而有钝尖头，基部阔楔形，上面深绿色，下面浅绿色，边缘有细锯齿。花顶生或腋生，春季开放，花大且绚丽多彩，有红、粉红、白或杂有斑纹等颜色，以及单瓣、重瓣，品种繁多。蒴果圆球形。花期 1~4 月。

分布：中国四川、台湾、山东、江西等地有野生种，日本南部，韩国南部有分布。国内各地广泛栽培。

生长习性：喜半阴，忌烈日，喜空气湿度大、微酸性土壤。

栽培繁殖：多用扦插或嫁接繁殖。选择避风向阳、地势高爽、空气流通的酸性土壤，pH 值在 4~5 之间，同时土壤也要疏松及排水良好。

观赏特性及园林用途：我国著名的传统花木，树冠多姿，叶色翠绿有光泽，花姿绰约，花色丰富艳丽，花期长。适用于庭园、风景区、公园的花坛、花境中，也可丛植、群植于林缘、大树下，或开辟专类园。

（摄影人：李鹏初、黄颂谊、陈峥）

● 木荷

别名：荷木、木艾树、木荷柴、横柴、木和、回树

Schima superba **Gardn. et Champ.**

山茶科　木荷属

形态：常绿乔木，高 10~30 m。树皮在幼壮龄时灰褐色，平滑，具白色皮孔，老时褐色，粗糙，呈块状开裂，内皮层具晶体状丝毛。树冠广卵形。叶革质，叶形变化大，通常为长椭圆形，先端尖锐，有时略钝，基部楔形。花生于枝顶叶腋，常多朵排成总状花序，白色，花冠直径 1~1.5 cm，芳香。蒴果直径 1.5~2 cm。花期 6~8 月，果期 10~12 月。

分布：中国浙江、福建、台湾、湖南、广东、海南、广西、贵州；中南半岛、马来半岛至爪哇岛也有分布。生于海拔 150~1 500 m 向阳山地杂木林中。

生长习性：性喜温暖，较耐寒；喜光，幼龄期稍耐阴，较耐旱瘠；喜排水良好的酸性土壤。在碱性土质中生长不良。抗大气污染，抗风和抗火能力强。生长较快，萌芽力强。

栽培繁殖：播种繁殖。阳性树种，与其他常绿阔叶树混交成林，发育甚佳，适于在草坪中及水滨边隔土层深厚处栽植。

病虫害：主要的虫害有蛴螬、金龟子等。

观赏特性及园林用途：树冠浑圆，大枝平展成层，夏季白花满树，与绿叶相映美丽可观。可作庭荫树及风景树。或作防火带树种和生态公益林树种。

（摄影人：黄颂谊）

● 红千层

别名：瓶刷子树、红瓶刷、金宝树

Callistemon rigidus R. Br.

桃金娘科　红千层属

形态：常绿小乔木，树皮坚硬，灰褐色。叶片坚革质，披针形，先端尖锐，油腺点明显，干后凸起。穗状花序生于枝顶，花形极为奇特，呈瓶刷状；雄蕊长 2.5 cm，鲜红色，花药暗紫色；花柱比雄蕊稍长，先端绿色，其余红色。蒴果半球形，先端平截。花期5~8月。

分布：原产澳大利亚；中国广东、广西、福建等多地均有引种栽培。

生长习性：阳性树种，耐干旱、耐瘠薄；不耐寒、不耐阴；萌发力强，耐修剪；喜肥沃潮湿的酸性土壤。幼苗在南方可露地越冬。长江以南自然条件下每年春、夏季开两次花。人工催花可使之在元旦、春节开花。

栽培繁殖：以播种繁殖为主，也可扦插繁殖。播10 天后发芽，最适宜春、秋季移栽，夏季气温高移植时，需将枝条适当修剪。移植时保持根系完整，炎热的夏天移植，蒸发量大，修剪内膛枝和刚抽出的嫩枝；在冬、春季移植，要保留好有花芽的顶枝，使之移植后夏季便能开花。

病虫害：主要病虫害有茎腐病、地老虎、蝼蛄、绿象鼻虫等。

观赏特性及园林用途：有很多栽培品种，其植株形态及花色变化丰富，各具观赏特色。四季常绿，开花稠密，聚生于顶端，而且花期长，色泽艳丽，花形奇特，是庭院观花、行道景观、居住区绿化的优良树种，其花枝亦可作为插花材料。由于耐干旱、耐瘠薄，很适合森林公园、高速路绿化等管养条件不便的地段应用。

（摄影人：李鹏初、黄颂谊）

● 串钱柳

别名：垂枝红千层

***Callistemon viminalis* (Sol. ex Gaertn.) G. Don ex Loudon**

桃金娘科　红千层属

　　形态： 常绿小乔木，树皮褐色，厚而纵裂。除主茎挺拔之外其他枝条均柔软下垂，长线形的叶在其上互生，前端及基部锐尖。叶片革质，呈披针形至线状披针形，先端渐尖或短尖，基部渐狭，两面均密生有黑色腺点，揉闻有芳香油气味。花稠密单生于枝顶部叶腋，无柄，在细枝上排成穗状花序状，悬垂，花瓣黄色。雄蕊多数，花丝及花柱伸长突出，红色，状似试管刷；花后顶端延生新枝叶。蒴果碗状半球形，细枝上紧密排列成串，又因其枝叶似垂柳，故名串钱柳。花期春夏季。

　　分布： 原产澳大利亚新南威尔士州及昆士兰州；中国华南地区有栽培。

　　生长习性： 喜暖热气候地区，能耐高温，不耐阴，喜肥沃潮湿的酸性土壤，能耐干旱，适生能力强。

　　栽培繁殖： 以播种繁殖为主，也可扦插繁殖，移栽成活率高。

　　病虫害： 主要病虫害有黑斑病、线虫。

　　观赏特性及园林用途： 花色鲜红艳丽，花形奇特诱人，细枝倒垂如柳，是优美的观赏花木。可用于庭园石山、水池配植造景，也可用于河、湖堤岸布置种植。

（摄影人：李鹏初、黄颂谊）

● 水翁

别名：水榕

***Cleistocalyx operculatus* (Roxb.) Merr. et Perry**
桃金娘科　水翁属

形态：常绿乔木，高 10~16 m。树皮灰褐色，颇厚，嫩枝压扁或近四棱形，有沟。树冠卵圆形。叶对生，近革质，先端急尖或渐尖，基部阔楔形或略圆，两面多透明腺点。圆锥花序生于无叶的老枝上；花无梗，2~3 朵簇生；浆果阔卵圆形，成熟时紫黑色，有斑点。花期 5~6 月。

分布：中国广东、广西及云南等地；中南半岛、印度、马来西亚、印度尼西亚及大洋洲也有分布。喜生于溪边、水旁湿处。

生长习性：喜肥，耐湿性强，忌干旱，喜生于水边，对土壤要求不严。有一定的抗污染能力。多次移植根部容易腐烂。可以耐高水位浸泡，萌生力强。

栽培繁殖：种子繁殖。秋季采种，洗净稍晾干，沙藏处理，春播；也可扦插繁殖。

观赏特性及园林用途：树冠宽广，大树老枝平伸且略下垂，可探及水面，是临水景观的优良树种。深秋急降温后叶色红艳，可作秋色叶树种观赏。根系发达，能净化水源，可作为营造水体生态防护带主栽树种，生态环境效益和景观效果好。果皮略甜可食；为良好的引鸟树种。

（摄影人：李鹏初、黄颂谊）

● 柠檬桉

Corymbia citriodora (Hook.) K.D. Hill et L.A.S.Johnson

桃金娘科　桉属

洁白，枝叶扶疏，亭亭玉立，窈窕脱俗，潇洒自如，别具一格，故有"林中仙子"和"靓仔桉"之美称。宜于园林丛植观赏或作行道树，但其遮阴效果较差。适宜南部低丘下部、沿海山地造林和四旁绿化。叶含芳香油，具有杀菌、驱蚊虫的良好保健作用。

（摄影人：李鹏初、黄颂谊）

　　形态：常绿乔木，高达 30 m。干形高耸通直，树冠疏散，广卵形，枝下高达株高一半以上，树皮呈淡蓝色，片状脱落后树皮光滑呈灰白色。叶子集中于树梢顶端，林下透光度大。叶异型：幼苗及萌芽枝的叶对生，叶片在叶柄上盾状着生，卵状披针形，密被棕红色腺毛；成长叶互生，条状披针形，稍弯曲，两面具黑腺点，揉闻具浓郁的柠檬气味。伞形花序，有花3~5 朵，数个排列成腋生或顶生圆锥花序。蒴果卵状壶形，果缘薄，果瓣深藏。花期 3~4 月及 9~10 月，果期 6~7 月及 10~11 月。

　　分布：原产澳大利亚东部及东北部。生于海拔600 m 以下地区。中国广东、广西及福建南部有栽种。

　　生长习性：喜高温多湿气候，不耐低温，能耐轻霜。耐干旱，速生，萌生力强。

　　栽培繁殖：常用播种繁殖，也可用扦插和茎尖组织培养法。种子成熟后不脱落，不开裂，一年四季均可采种，当蒴果由青色变为黄褐色便可采收。种子发芽率较高。主根深，须根少，用裸根苗造林成活率低，宜用袋苗，成活率高。

　　病虫害：主要病虫害有白蚁、溃疡病、苗茎腐病、红脚金龟子。

　　观赏特性及园林用途：树干通直挺拔，树皮光滑

● 窿缘桉

别名：小叶桉，风吹柳

***Eucalyptus exserta* F. Muell.**

桃金娘科　桉属

　　形态：常绿乔木，高 15~25 m。树皮宿存，稍坚硬，粗糙，有纵沟，灰褐色；嫩枝有钝棱，纤细，常下垂。幼态叶对生，叶片狭窄披针形；成熟叶片狭披针形，稍弯曲，两面多微小黑腺点，揉闻有红花油气味。伞形花序腋生，有花 3~8 朵，花白色，蒴果近球形。花期 5~9 月。

　　分布：原产澳大利亚东部沿海的玄武岩及砂岩地区到内陆较干旱地区。中国华南各地有栽种。

　　生长习性：喜温暖，耐旱瘠；生长快，萌生力强。

　　栽培繁殖：用播种、扦插和茎尖组织培养等方法繁殖。

　　病虫害：主要病虫害有茎腐病、白绢病、大蟋蟀、小卷蛾。

　　观赏特性及园林用途：树形高大，有香味，优良的行道树和风景树。由于窿缘桉具有耐旱、耐瘠薄和广泛的适应性，在华南地区被广泛用作防护林和公路、铁路沿线的绿化树种。

（摄影人：黄颂谊）

● 尾叶桉

Eucalyptus urophylla S. T. Blake

桃金娘科　桉属

形态：常绿乔木，高 20~30 m，原产地高达 60 m。树皮红棕色，上部剥落，基部宿存。树冠长卵状圆锥形。幼态叶对生，披针形；成长叶互生，革质，长卵形、卵状披针形或披针形，先端尾尖或渐尖，基部圆，全缘，叶揉之有红花油气味。伞形花序腋生或于枝上侧生，每序有花 3~8 朵；花萼和花冠合生成的帽状体圆锥形。蒴果杯状。花期 9~10 月，果在翌年 5~6 月成熟。

分布：原产于印度尼西亚。中国华南地区有栽培。

生长习性：速生树种，早期生长迅速并能耐干旱和瘠薄。在水土流失区、瘦瘠干旱、含砂石量较大地区能生长，表现良好。

栽培繁殖：用播种、扦插和茎尖组织培养方法繁殖。

病虫害：主要病虫害有茎腐病、猝倒病、灰霉病、褐斑病、青枯病、根腐病、斑齿小卷蛾、铜绿金龟子、大蟋蟀、小地老虎、印度黄脊蝗和白蚁等。

观赏特性及园林用途：干直，速生，枝叶浓密，为适于华南道路绿化的优良外来树种；亦可作居住区周边防护林绿化和生态公益林营造。但因其易受风折断，故路树宜以二至多行配置。园林绿化宜用二三年生苗进行截干栽植，可速见绿化效果。

（摄影人：黄颂谊）

● 黄金香柳

别名： 黄金串钱柳，千层金

Melaleuca bracteata F. Muell. 'Revolution Gold'

桃金娘科　白千层属

形态： 常绿乔木，高达 15 m，冠幅 3~5 m。主干直立，树干暗灰色；枝条密集，细长柔软，嫩枝红色。叶对生，窄卵形至卵形，先端急尖，四季金黄色，具有淡淡的芬芳清香。穗状花序长 1.5~3.5 cm，被毛，花乳白色。蒴果。花期夏至秋季，秋至冬季果熟。

分布： 园艺栽培品种。适宜中国南方大部分地区，华南地区广泛栽培。

生长习性： 喜光。适应的气候带范围广，可耐 –10℃ 的低温。在冬季生长非常旺盛；抗旱又抗涝。适应土质的范围广，抗盐碱，从酸性到石灰岩土质甚至盐碱地都能适应。抗强风；抗病虫害能力强；耐修剪。

栽培繁殖： 可以采用嫩枝扦插、高空压条法进行繁殖，通常以嫩枝扦插比较多，一般在 4~8 月雨水多且夜温不会太低的时候进行，袋苗在种植前需充分浸透土球。

观赏特性及园林用途： 优良彩叶树种，具有极高观赏价值，树形优美，金黄色的叶片分布于整个树冠，形成锥形，有金黄、芳香、新奇等特点。适合作庭院树、

行道树。同时由于其具有较强的抗逆性、耐涝性、耐剪性、抗风性、耐盐碱性以及较快的生长速度，将其作为湿地和海滨景观树种具有更大的优势，对丰富海滨、湿地植物色彩和营造滨海亮丽景观具有重要意义。

（摄影人：黄颂谊）

● 白千层

别名：脱皮树、千层皮、玉树、玉蝴蝶

Melaleuca leucadendron L.

桃金娘科　白千层属

形态：常绿乔木，高 15~20 m。主干直，树皮灰白色，厚而松软，呈多层薄片状剥落，故名白千层。树冠长卵圆形。叶互生，叶片革质，披针形或狭长圆形，两端尖，多油腺点，香气浓郁。花白色，密集于枝顶成穗状花序，花白色，像毛刷子。蒴果球形，于枝上密排成蜂窝状。花期 10 月至翌年 2 月，果期翌年 8~9 月。

分布：原产澳大利亚。中国广东、台湾、福建、广西等地均有栽植。

生长习性：喜温暖潮湿环境，喜阳光，适应性强，耐水湿，能耐干旱高温及瘠瘦土壤，亦可耐轻霜及短期 0℃低温。对土壤要求不严。抗风、抗大气污染。

栽培繁殖：种子繁殖，育苗移栽种子可随采随播，亦可晒干袋藏备用。播种繁殖，生长较快。

病虫害：主要病虫害有根腐病、地老虎、大蟋蟀、绿象鼻虫等。

观赏特性及园林用途：树冠椭圆状圆锥形，树姿优美整齐，树皮美观、白色可层层剥落，并具芳香，且枝叶浓密，可作屏障树或行道树。

（摄影人：黄颂谊）

● 番石榴

别名： 芭乐、鸡屎果、拔子、喇叭番石榴

***Psidium guajava* L.**

桃金娘科　番石榴属

　　形态： 常绿小乔木或灌木。树皮平滑，灰色，片状剥落；嫩枝有棱，被毛。单叶对生，叶片革质，长圆形至椭圆形，先端急尖或钝，基部近于圆形，上面稍粗糙，下面有毛。花单生或2~3朵排成聚伞花序；花瓣5枚，白色。浆果球形、卵圆形或梨形，表面有斑点，顶端有宿存萼片。花期4~5月，果期7~8月。

　　分布： 原产南美洲热带；中国台湾、广东、广西、福建等地均有栽培。

　　生长习性： 生长适温23℃~28℃，最低月平均温度15.5℃以上有利于生长。耐旱亦耐湿。阳光充足，结果早、品质好。对土壤水分要求不严，土壤 pH 值4.5~8.0均能种植。

　　栽培繁殖： 播种或嫁接繁殖。适宜在春、夏季进行。每季施肥1次，早春应施用有机肥1次。开花、结果量多，应疏花、疏果、摘心。

　　病虫害： 主要虫害有桔小实蝇、线虫、粉蚧类。

　　观赏特性及园林用途： 植株四季常青，树干形态奇特，树皮色泽亮丽，周年均可开花结果，为重要的观果植物，常作果树，也可作庭院绿化及观赏树种，可孤植、群植。

（摄影人：黄颂谊、陈峥）

● 钟花蒲桃

别名：红车、富贵红

Syzygium campanulatum Korth.

桃金娘科　蒲桃属

形态：常绿灌木或小乔木，高 2~6 m。枝条柔软下垂。叶对生，革质，先端渐尖或微钝，无毛，嫩叶亮红色或稍带橙黄色。聚伞花序腋生和顶生，花白色。雄蕊多数，浆果。

分布：原产东南亚。中国南方地区有栽培。

生长习性：阳性植物，比较耐高温，不耐干旱，对土质选择不严，但喜肥沃土壤。抗大气污染。耐修剪。

栽培繁殖：播种或扦插繁殖。定植时间常为 12 月至翌年 2 月。对定植园地的土质要求不严。生性强健，对环境适应性强，较少病虫害发生。苗圃种植注意拉开间距，保证每株有足够的生长空间。

观赏特性及园林用途：一年内可抽新梢多次，每次色叶观赏期约半个月，一年约有一半时间新叶呈红色，且色叶在一个月内由鲜红转为暗红再转为绿色，有良好的观赏价值。应用形式多种多样，以球形、塔形、自然形、圆柱形、锥形等造型苗木三五成群配置成景，也可与景石等园林小品搭配成景。

（摄影人：黄颂谊、陈峥）

● 海南蒲桃

别名：乌墨、乌楣

***Syzygium cumini* (L.) Skeels**

桃金娘科　蒲桃属

形态：常绿乔木，高 15~20 m。树干褐至深褐色。叶片革质，椭圆形，先端急长尖，基部阔楔形。圆锥花序腋生或生于花枝上，偶有顶生，有短花梗，花白色。核果状浆果，椭圆或卵圆形，熟时由紫红色变紫黑色，果皮多汁如墨，故又名乌墨、乌口树；种子 1 粒，状似落花生种子。花期 3~6 月，果熟期 7~8 月。

分布：中国海南、台湾、福建、广东、广西、云南等地；中南半岛、马来西亚、印度、印度尼西亚、澳大利亚等地也有分布。生于海拔 50~800 m 的低地次生林中。

生长习性：南亚热带长日照阳性树种，喜光、喜水、喜深厚肥沃土壤，干湿季生长明显，能耐 −5℃低温，适应性强，对土壤要求不严。根系发达，主根深，抗风力强，耐火，萌芽力强，速生。园林绿化宜用胸径约 5 cm 的中苗截干栽植，易于成活，快速成景。

栽培繁殖：种子繁殖。宜采回成熟果实去皮，略为阴干后即播，不宜日晒和贮藏。亦可用扦插法或高压法繁殖，春季为最适期。营养袋苗春季种植。

病虫害：主要病虫害有炭疽病、果腐病、金龟子、介壳虫、毒蛾、蚜虫、避债蛾、蓟马、瘿蚊。

观赏特性及园林用途：树干通直，速生快长，周年常绿，树姿优美。花期长，白花满树，花浓香，花形美丽，挂果期长，果实累累。为优良的庭荫树和行道树种，也可营造混交林树种和防火林、防护林、生态公益林。招鸟树种。

（摄影人：黄颂谊）

● 蒲桃

别名：香果、风鼓、水蒲桃、水石榴

Syzygium jambos (L.) Alston

桃金娘科　蒲桃属

　　形态：常绿乔木，高 6~12 m。主干短，分枝低，树皮光滑，灰褐色。树冠扁球形。叶片对生，革质，披针形或长圆形，先端长渐尖，基部阔楔形，叶面多透明细小腺点和边脉。聚伞花序顶生，有花数朵，花白色；果实球形，果皮肉质，成熟时褐黄色，有油腺点。花期 3~4 月，果实 5~6 月成熟。

　　分布：中国广东、台湾、福建、海南、广西、云南等地；中南半岛和东南亚也有分布。

　　生长习性：喜光，适应性强，耐旱瘠和高温干旱，各种土壤均能栽种，多生于水边及河谷湿地，在沙土上生长良好，以肥沃、深厚和湿润的土壤为佳。生长迅速、适应性强。根系发达，抗风性强，抗大气污染。

　　栽培繁殖：种子繁殖、扦插繁殖和嫁接繁殖。种子有后熟现象，鲜播发芽率低。嫁接可全年进行，雨天嫁接成活率较低。

　　病虫害：主要病虫害有煤烟病、炭疽病、果腐病、金龟子、介壳虫、毒蛾、蚜虫、果实蝇、避债蛾、蓟马、瘿蚊。

　　观赏特性及园林用途：树冠丰满浓郁，花叶果均可观赏，可作庭荫树、固堤树、防风树。宜在水边、草坪、绿地作风景树和遮阴树，为营造护岸固堤林、水土保持林、水源涵养林的优良树种。蜜源植物，果可食。

　　（摄影人：李鹏初、黄颂谊、周金玉、丰盈）

● 洋蒲桃

别名：莲雾、紫蒲桃、水石榴、天桃、爪哇蒲桃

Syzygium samarangense **(Bl.) Merr. et Perry**
桃金娘科　蒲桃属

形态：常绿乔木，高 6~15 m。树皮褐色，平滑。树冠卵球形。叶片对生，革质，椭圆形至长圆形，先端钝或稍尖，基部变狭，圆形或微心形。聚伞花序顶生或腋生，花白色。果实陀螺状或浅杯状，顶部平而宽，中间凹陷，下端狭，肉质，洋红色，发亮，有宿存的肉质萼片。花期 3~4 月，果实 5~6 月成熟。

分布：原产印度、马来西亚；中国广东、台湾及广西有栽培。

生长习性：阳性，不耐寒和旱瘠，耐涝、喜湿润土壤，对土壤条件要求不严。一年多次抽枝，多次开花结果。喜温怕寒，最适生长温度 25℃~30℃。

栽培繁殖：用播种、高空压条或嫁接繁殖。主要采用空中压条繁殖，在高温多湿雨季进行；扦插选二至三年生枝条；播种宜在春季。

观赏特性及园林用途：热带果树，树冠广阔，四季常青，花期绿叶白花，果期绿叶红果，为美丽的观果植物，又可栽作园林风景树、行道树；宜在水边、草坪、绿地作风景树和遮阴树。为营造护岸固堤林、水土保持林、水源涵养林的优良树种。

（摄影人：李鹏初、黄颂谊）

● 澳洲黄花树

别名: 金蒲桃、金黄熊猫、金丝蒲桃

***Xanthostemon chrysanthus* (F. Muell.) Benth.**

桃金娘科　金丝蒲桃属

　　形态: 常绿小乔木,高 20 m。株形挺拔,树皮黑褐色。叶色亮绿,叶有对生、互生或丛生枝顶,披针形,全缘,革质。花簇生枝顶,花序呈球状,在夏秋间开花,金黄色,花期长。花萼 5,无花瓣,花两性,雄蕊多数,花丝金黄色。果实有宿存的雌蕊。盛花期为 11 月至翌年 2 月。

　　分布: 原产澳大利亚。中国南方的福建、广东等地有栽培。

　　生长习性: 性喜高温湿润的气候,生长适温为 22℃~32℃。要求光照充分的环境和排水良好的土壤。对栽培土质选择不严,耐瘠薄,耐水湿,肥沃的砂壤土生长良好。

　　栽培繁殖: 常用新鲜种子发芽繁殖。播种苗在 2~3 年内便可以开花。在温带地区生长也良好,但开花不显著。

　　观赏特性及园林用途: 花金黄色,花量大,花期长,成年树盛花期满树金黄,亮丽壮观,是优良的园林绿化树种。适宜作园景树、行道树。

（摄影人: 李鹏初、黄颂谊、丰盈）

● 阿江榄仁

别名：阿珍榄仁、三果木、柳叶榄仁

***Terminalia arjuna* (Roxb.ex DC.) Wight et Arn.**

使君子科　诃子属

形态：落叶乔木，具有板根，高约 25 m。树皮灰褐色，呈片状剥落。叶对生或近对生；叶片革质，长椭圆形或卵状长椭圆形，两端均圆，先端微尖，基部微歪，全缘或为浅钝锯齿。花绿白色，组成疏短的穗状花序，腋生，或在枝梢集成小圆锥花序状。核果果皮坚硬，近球形，有 5 条纵翅。

分布：原产东南亚地区。中国广东有栽培。

生长习性：喜温暖湿润，光照充足的气候环境，耐寒性好。喜疏松湿润肥沃土壤，可耐较高地下水位。根系发达，具有较好的抗风性。

栽培繁殖：播种繁殖，播种前首先要对种子进行挑选，种子保存的时间越长，其发芽率越低。在深秋、早春、冬季播种后，遇到寒潮低温时，用塑料薄膜保温保湿；3 片真叶以上就可以移栽。在冬季植株进入休眠或半休眠期，要把瘦弱、病虫、枯死、过密等枝条剪掉。

病虫害：主要虫害有刺蛾。

观赏特性及园林用途：树干挺直，树形优美，枝条舒展，是优良的观花、观叶园林植物，宜作庭园树、行道树。

（摄影人：黄颂谊）

● 榄仁树

别名：山枇杷树、大叶榄仁

***Terminalia catappa* L.**

使君子科　诃子属

形态：半落叶大乔木，高达 20 m。树皮褐黑色，纵裂而剥落状；枝平展，近顶部密被棕黄色的绒毛，具密而明显的叶痕。叶大，互生，常密集于枝顶，叶片倒卵形，先端钝圆或短尖，中部以下渐狭，基部截形或狭心形，全缘，稀微波状。穗状花序长而纤细腋生；花绿色或白色。果椭圆形。花期 3~6 月，果期 7~9 月。

分布：中国西部、南部地区；马来西亚、印度等地有分布。华南地区常见栽培。

生长习性：喜阳，性喜高温多湿，生长慢，耐热、耐湿、耐碱、耐瘠、抗污染、易移植、寿命长。常生于气候湿热的海边沙滩上。

栽培繁殖：可用播种繁殖，取成熟掉落种子为佳；也可用嫁接繁殖，宜早春嫁接。

观赏特性及园林用途：枝条平展、树冠宽大如伞状，极其美观，遮阴效果甚佳，秋冬落叶时叶色转红，春天新叶嫩绿，为优良园林绿化树种。抗盐能力强，可直接种植于海边沙滩上，是亚热带沿海地区值得推广的一种优良树种。

（摄影人：李鹏初）

● 小叶榄仁

别名：细叶榄仁、非洲榄仁、雨伞树

Terminalia mantaly **H. Perrier**

使君子科　诃子属

形态：落叶乔木，高 10~15 m。主干耸直，树冠圆锥状层塔形。树皮带灰褐色，起初颇为光滑，后加厚成纵裂纹，成薄片状剥落；枝桠柔软，轮状分层，有序水平向四周开展。单叶，近革质，于小枝节上的短枝聚生或呈假轮生；叶片枇杷形，具短绒毛，叶端较阔；落叶前会转为美丽的紫红色。穗状花序聚生于叶腋，顶端是雄花，下方是雌花及两性花；花细小，白色或黄绿色。果黄褐色，外形像橄榄。花期 3~6 月，果期 7~9 月。

分布：原产于非洲。中国广东、香港、台湾、广西等地有栽培。

生长习性：喜光，喜高温湿润气侯，耐半阴，耐旱热，深根性，抗风，抗污染，生长迅速，不拘土质，以肥沃的砂质土壤为佳。滨海沙滩适生。

栽培繁殖：可用播种法，取成熟掉落的种子为佳，春至夏季播种；也可用嫁接法，砧木选用榄仁树，早春嫁接。幼株需水较多，应常补给。每年春、夏季各施有机肥一次。树冠若不均衡，待冬季落叶后稍加修整。

病虫害：主要虫害有咖啡皱胸天牛。

观赏特性及园林用途：树形优美，枝干挺拔，大枝横展，树冠塔形，春季新叶翠绿，常用作庭园树、风景树、行道树。枝干极为柔软，根群生长稳固后抗强风吹袭，并耐盐分，为优良的海岸树种。

（摄影人：黄颂谊）

● 莫氏榄仁

别名：中叶榄仁、澳洲榄仁树、蓝杏仁、美洲榄仁

***Terminalia muelleri* Benth.**

使君子科　诃子属

形态：落叶乔木，高达 20 m。树冠塔形。主干浑圆挺直，枝桠自然分层，均匀，轮生于主干四周，层层分明有序，水平向四周开展。叶革质，倒卵状椭圆形，落叶前转红色。花瓣肉厚，白色带红。核果椭圆形，绿色，成熟时变为紫黑色，无纵棱。花期春季，果期夏、秋季。

分布：原产美洲热带。中国华南地区有栽培。

生长习性：喜光，喜高温多湿环境，耐风、耐盐；根群生长稳固后抗强风吹袭，枝桠柔软，为优良的海岸树种。抗污染、易移植、寿命长。

栽培繁殖：可用播种法，取成熟掉落的种子为佳，春至夏季播种；也可用嫁接法，砧木选用榄仁树，早春嫁接。树性强健，生长迅速，不拘土质，以肥沃的砂质土壤为最佳。幼株需水较多，应常补给。每年春、夏季各施有机肥一次。树冠若不均衡，待冬季落叶后稍加修整。幼苗期生长迅速，容易移栽。

观赏特性及园林用途：树枝层次分明，形态飘逸，冬春满树红叶经久不落，是亚热带地区难得的红叶景观树种。可作景观树、行道树、庭荫树、色叶树种使用，非常适合作庭园观赏树种；其生性极强亦可作为海岸绿化树种。

（摄影人：李鹏初、黄颂谊、陈峥、丰盈）

● 黄牛木

别名： 黄牛茶、雀笼木、黄芽木、狗（九）芽木

***Cratoxylum cochinchinense* (Lour.) Bl.**

金丝桃科　黄牛木属

　　形态： 落叶灌木或小乔木。树干下部有簇生的长枝刺，树皮黄褐色，光滑。叶对生纸质，椭圆形至矩圆形，先端骤尖或渐尖，基部钝或楔形。聚伞花序腋生或顶生，有花1~3朵，花瓣粉红、深红色至红黄色，花瓣5，蒴果椭圆形，棕色，果实的近2/3为宿萼所包被。种子基部具爪，一侧具翅，长6~12 mm。花期4~5月，果期6月以后。

　　分布： 中国香港、广东、海南、广西、云南；越南、泰国、缅甸、印度尼西亚、斯里兰卡等国也有分布。生于海拔1 240 m以下丘陵或山地干燥阳坡的次生林灌丛中。

　　生长习性： 喜湿润、酸性土壤，耐干旱。生长慢而萌芽力强，常遭砍伐仍随处可见。

　　栽培繁殖： 播种繁殖为主，也可扦插繁殖。种子成熟后采收即可播种。当年发芽，翌春移植。生长较慢，育苗时，宜增施肥料。

　　观赏特性及园林用途： 树冠圆整，枝繁叶茂，花色鲜艳美丽，微香，适合用于城乡绿化，可作行道树或观赏树，宜营造护坡固土林、水土保持林，宜用于岩石园配植，或用作营造稀树草地植物景观的主景树。

　　（摄影人：黄颂谊、陈峥）

● 多花山竹子

行道树或花坛孤植皆可。

（摄影人：黄颂谊）

别名：竹橘子、山橘子、山枇杷、朱节果

Garcinia multiflora Champ. ex Benth.

藤黄科　藤黄属

　　形态：常绿乔木，稀灌木，高 5~15 m。枝叶浓密，树体呈圆柱形，树皮灰白色，粗糙；小枝绿色，具纵槽纹。叶对生，革质。花杂性，同株。花瓣橙黄色，倒卵形，果卵圆形至倒卵圆形，成熟时黄色，盾状柱头宿存。果期 11~12 月，偶有花果并存。

　　分布：中国广东、广西、福建、湖南、台湾、江西、贵州、云南。越南北部也有分布。生于海拔100~1 900 m 的山坡疏林或密林中。

　　生长习性：喜光，喜温暖、湿润的环境，稍耐寒，不耐干旱。以疏松、肥沃和排水良好的砂质壤土为佳。

　　栽培繁殖：种子具有生理后熟特性，因此沙藏时间需一年以上；苗木移植使用大苗及带土球移栽移，移栽季节应选择苗木停止生长之后和萌芽之前的秋末至初春，起苗前适量修剪枝叶，栽植选择较阴凉，水肥条件较好的地块。

　　病虫害：因其树皮有小毒，病虫很少，育苗时注意防治地下害虫咬食幼苗根茎部。

　　观赏特性及园林用途：树形亭亭玉立，树冠飘逸优美，秋天枝头硕果累累，易招引蝶类、鸟类；作

● 菲岛福木

别名：福木、福树

Garcinia subelliptica Merr.

藤黄科　藤黄属

形态：常绿乔木，高3~5 m。小枝坚韧粗壮，具4~6棱，树皮带黑色，有乳汁。叶片对生，椭圆形，全缘，厚革质。花杂性，同株，雄花和雌花通常混合在一起，簇生或单生于叶腋部，有时雌花成簇生状，雄花成假穗状，雄花具有特殊香味，花瓣倒卵形，黄色。浆果宽长圆形，成熟时光滑黄色。花期夏季。

分布：中国台湾；日本、菲律宾、斯里兰卡、印度尼西亚也有分布。华南地区有栽培。

生长习性：日照须充足，半日照亦可，喜高温，耐干旱，生长适温为23℃~32℃；抗风力强；生于海滨杂木林中。

栽培繁殖：播种或高压法繁殖，以播种为主，春至夏季为适期。栽培土质以富含有机质的土壤为佳，生长缓慢，少修剪。直根性，移植稍难，中苗、大苗移植须带土球，否则不易成活。

观赏特性及园林用途：树姿优美，枝叶茂密，极易栽植，落叶甚少，故常用于庭园、校园，为优良的园景树及防风、隔音树种，可作行道树。耐暴风和浪潮侵袭，根部稳固；幼树可作盆栽。由于它抗旱、抗盐，适于海岸绿化。

（摄影人：黄颂谊）

● 铁力木

别名：铁梨木、铁栗木、铁棱、埋波朗、喃木波朗、莫拉

Mesua ferrea L.

藤黄科　铁力木属

形态： 常绿乔木，高可达 30 m。具板状根，树干端直，树冠锥形，树皮薄，暗灰褐色，薄叶状开裂，创伤处渗出带香气的白色树脂。叶嫩时黄色带红，老时深绿色，革质，通常下垂，披针形或狭卵状披针形至线状披针形，顶端渐尖或长渐尖至尾尖，基部楔形，上面暗绿色。花两性，1~2 朵顶生或腋生，花瓣 4 枚，白色，倒卵状楔形。果卵球形或扁球形，顶端花柱宿存。花期 3~5 月，果期 8 月。

分布： 中国云南、广东、广西等地；南亚至东南亚等地均有分布。生于海拔 540~600 m 的低丘坡地。

生长习性： 喜光，喜高温、高湿的气候。适宜生存于年均气温 20℃~26℃，最冷月均气温 12.6℃，年均相对湿度 80% 以上的地方。

栽培繁殖： 播种繁殖。播种前用 40℃ 温水浸种 12 小时，可提高发芽率。以沙作基质，采用条状点播，条距 12 cm，株距 10 cm，覆沙 2 cm 厚，并盖草保持基质湿润，播种 15~25 天后种子陆续发芽，然后搭棚遮阴。苗期生长慢，当苗高 50~70 cm，可出圃定植。幼苗期需适当的荫蔽。栽培土质以肥沃且排水良好的砂质壤土为佳。

病虫害： 病虫害较少，主要有蓝绿象甲。

观赏特性及园林用途： 树形高耸稳健，树冠优美清丽，新叶绯红色，花大黄艳，芳香宜人。适用于城市各类绿地，可作独赏树种、遮阴树种、风景林丛树种，可孤植、对植、列植、丛植、群植及林植，可营造防风林。利用其枝条的伸展特性，可人为栽培形成斜飘或平探等形态，配植于水池旁、石山上，创造独特的景观效果。

（摄影人：黄颂谊）

● 尖叶杜英

别名：长芒杜英

Elaeocarpus apiculatus Masters

杜英科　杜英属

形态：常绿乔木，高 10~30 m。树干耸直，具板根，树皮灰褐色，有明显皮孔；大枝（第一级分枝）呈假轮生，近平展伸长，层次分明。树冠塔状圆锥形。叶聚生于枝顶，革质，倒卵状披针形，叶面深绿发亮。总状花序生于枝顶叶腋内，花序轴被褐色柔毛，狭窄披针形，外面被褐色柔毛；花瓣白色，先端呈流苏状撕裂。核果椭圆形，有褐色茸毛。花期 8~9 月，果实在冬季成熟。

分布：中国云南南部、广东和海南低海拔的山谷；中南半岛及马来西亚也有分布。华南地区广泛栽培。

生长习性：暖地树种，较速生，喜温暖湿润、阳光充足环境，不耐旱瘠，耐半阴。适生于酸性的黄壤，要求排水良好。根系发达，萌芽力强，树干坚实挺直，抗风力强。抗大气污染。

栽培繁殖：播种繁殖为主，播种前对种子、播种基质进行消毒，幼苗长 3 片以上的叶子后可移栽；可嫩枝扦插、老枝扦插。插穗未生根之前，要保证插穗鲜嫩，通过喷雾来减少插穗的水分蒸发，扦插后需用遮光网遮光。大苗移栽需带土球，适当疏剪，成活率极高。可盆栽。

病虫害：主要虫害有铜绿金龟子。

观赏特性及园林用途：树冠塔形，枝叶稠密，大枝轮生，在开阔空间可近水平伸展形成宽广树冠，很有气势。流苏状撕裂的白色花朵很具观赏价值，在园林中常孤植或丛植于草坪、路口；可列植，起遮挡及隔音作用；或作为花灌木或雕塑等的背景树，具有很好的烘托效果。厂区绿化、行道树常用。

（摄影人：李鹏初、黄颂谊）

● 水石榕

别名： 海南杜英、水柳树

Elaeocarpus hainanensis Oliver

杜英科　杜英属

形态： 常绿乔木，高 4~10 m。树冠整齐成层，枝条无毛；分枝低，第一级分枝假轮生，小枝细长。单叶互生，常于枝端呈螺旋状聚生；叶片狭披针形或倒披针形，先端尖锐，基部楔形，下延，叶面深绿色，背面浅绿色，全缘或有不明显小齿突。总状花序腋生，具叶状苞片；花蕾纺锤形，花冠开放时呈铃状悬垂；花瓣白色，先端呈流苏状撕裂，芳香。核果长椭圆形，两端尖。花期 5~6 月，果期 8~9 月。

分布： 中国云南、广西、海南等地；越南也有分布。生长于海拔 540~1 300 m 的常绿林里。

生长习性： 喜半阴，喜高温多湿气候，深根性，抗风力较强，不耐寒，不耐干旱，喜湿但不耐积水，须植于湿润而排水良好之地。土质以肥沃和富含有机质壤土为佳。

栽培繁殖： 播种繁殖，随采随播，夏季播种，要遮阴，可嫩枝带叶扦插，也可水插，定期换水。小苗需带宿土，大苗需带土球。该树种适宜水边种植，不耐长期积水，养护时注意水位和土壤的通透性。

病虫害： 主要虫害有食叶害虫铜绿金龟子、地下害虫蛴螬、地老虎。

观赏特性及园林用途： 分枝多而密，形成圆锥形的树冠。花期长，花冠洁白淡雅，可观花、观叶，适宜作庭园风景树。宜于草坪、坡地、林缘、庭前、路口丛植，可栽作其他花木的背景树。利用其枝条的伸展特性，可人为栽培形成斜飘或平探等形态，配植于水池旁、石山上，创造独特的景观效果。

（摄影人：黄颂谊、陈峥）

● 锡兰橄榄

Elaeocarpus serratus L.

杜英科　杜英属

形态：常绿乔木，高达 20 m。树干通直，树姿优雅。叶具长柄；互生，椭圆状披针形，先端锐尖，基部钝，边缘有疏锯齿，革质，嫩叶浅红色，老叶凋落干后转为橘红色和浓红色。总状花序，腋生或顶生；花淡黄绿色。核果，卵形，外形极似橄榄，长 3~3.5 cm。花期 4~6 月，果期 11~12 月。

分布：原产印度和斯里兰卡；中国台湾、福建、广东等地；有栽培。

生长习性：喜暖忌冻，喜高温、高湿的气候。对土质要求不高，但在土层深厚和排水良好的壤土中生长较旺盛。在引种栽培时应注意选择向阳的坡地。

栽培繁殖：3~4 月是种植较适宜季节。苗木繁殖有压条法、嫁接和实生苗法 3 种，嫁接繁殖为主，后代性状相对稳定。嫁接方法有芽片贴接法、舌接法、劈接法、切接法等多种；芽片贴接法成活率较高。整形修剪采取短截或摘心，徒长枝剪除，使其成圆头形。

病虫害：常见病虫害有炭疽病、叶斑病类、煤烟病、白蛾蜡蝉、小蓑蛾、枯梢螟、卷叶蛾、芽虫等。

观赏特性及园林用途：冠形优美，枝繁叶茂，叶色亮绿，老叶红色，花洁白芳香，易招引蜂、蝶，果实形似橄榄，为优良的景观树种。宜作庭园观赏树、行道树，亦可作果树栽培。

（摄影人：黄颂谊）

● 火焰瓶木

别名：槭叶苹婆、火焰酒瓶树、澳洲火焰木
Brachychiton acerifolius (A. Cunn. ex G.Don) F. Muell.
梧桐科　瓶木属

　　形态：落叶乔木，高30 m。主杆通直，冠幅较大，树形有层次感，株形立体感强。叶互生，革质，掌状裂叶7~9裂，宽30 cm，裂片再呈羽状深裂，先端锐尖。圆锥花序，花先叶开放，量大而红艳，一般可维持1个月至6个星期左右；花的形状像小铃钟或小酒瓶，长约1.5 cm，无花冠，但有一深红色钟形花萼。花期4~7月。

　　分布：原产澳大利亚东部海滨；中国广东、香港等地有引种。

　　生长习性：喜湿润、强光，以湿润排水良好的土壤最佳，砂质土亦可。生长速度快，胸径每年生长达2~3 cm。耐旱、耐酸、耐寒，可耐–4℃低温，抗病性强，虫害较少，易移植。

　　栽培繁殖：小苗采用厢式栽培，苗木移栽做到边起边栽，勿使其长期暴露于强光下。如需长途运输，苗木根部要打稀泥浆，并用塑料袋包紧。秋季栽植应避免冬季受冻，当气温降至0℃以下时，要采取防寒措施，一般是在苗床上铺盖干草、落叶，也可拱盖薄膜。园林中常用嫁接苗，实生苗需多年才开花结果。

　　病虫害：主要虫害有蚜虫、尺蛾、黄夜蛾、盗盼夜蛾、大小地老虎及金龟子等。

　　观赏特性及园林用途：树形优美，整株成塔形或伞形，叶形别致，四季葱翠美观，春夏开花，花开满树，深红色，先花后叶，色彩艳丽，花量多，观赏价值高，适合用作行道树、庭院树等。

（摄影人：黄颂谊）

● 长柄银叶树

别名：白楠、白符公、大叶银叶树

***Heritiera angustata* Pierre**

梧桐科　银叶树属

形态：常绿乔木，高达 12 m。成年树的干基有板根。树皮灰色。叶革质，矩圆状披针形，全缘，顶端渐尖或钝，基部尖锐或近心形，上面无毛，下面被银白色或略带金黄色的鳞秕；圆锥花序顶生或腋生；花粉红色，细小，无花瓣，花萼粉红色。果实为核果状，椭圆形，坚硬褐色，长约 3.5 cm，顶端有长 1 cm 翅。花期 6~11 月。

分布：中国广东、海南岛东南部和云南；柬埔寨也有分布。生于山地或近海岸附近。

生长习性：喜光，喜高温、多湿的气候，生长适宜温度 22℃~30℃。土质以排水良好且肥沃的砂质土壤为佳。抗风力强。

栽培繁殖：播种繁殖。因具板根，成年树移植困难，须做断根处理。每年施肥 2~4 次。春季应整枝。

观赏特性及园林用途：叶背银白色，花色红，鲜艳明亮，花期长，成年树具板根，为优良的庭园树，也是海岸防风固沙的优良树种。

（摄影人：李鹏初）

● 翻白叶树

别名：半枫荷、异叶翅子木

Pterospermum heterophullum Hance

梧桐科　翅子树属

　　形态：常绿乔木，高可达 30 m。树皮灰色或灰褐色；小枝被黄褐色短柔毛。叶二型：幼叶掌状 3~5 裂，基部截形而略近半圆形，上面几无毛，下面密被黄褐色星状短柔毛；老叶矩圆形至卵状矩圆形，顶端钝、急尖或渐尖，基部钝、截形或斜心形，下面密被黄褐色短柔毛。花单生或2~4朵组成腋生的聚伞花序；花青白色。蒴果木质，矩圆状卵形，被黄褐色绒毛。种子具膜质翅。花期秋季。

　　分布：中国广东、广西、福建、台湾。生于低海拔林中、山谷、山脚、山坡林缘路边，石灰岩山坡。

　　习性　喜温暖气候和湿润、肥沃、土层深厚的砂质土壤。抗污染性强。

　　栽培繁殖：可嫁接、种子繁殖。

　　观赏特性及园林用途：高大雄伟，叶形多变，树干通直，叶片两面异色，白花繁密，黄果硕硕，可招引蝶类、蜂、鸟类，极具观赏价值，为优良的庭荫树、行道树、防护树种，特别适合应用营造防风林。

（摄影人：黄颂谊）

● 假苹婆

别名：鸡冠木、赛苹婆

Sterculia lanceolata Cav.

梧桐科　苹婆属

　　形态：与苹婆近似，其主要区别为：叶较小，长椭圆形或椭圆状披针形，宽 3~8 cm，先端急尖，基部钝圆或阔楔形；花萼 5 裂片向外开展呈星状，淡红色；果实和种子较小，种子熟时黑色，直径 1 cm。

　　分布：中国广东、海南、广西、云南、贵州和四川南部，为我国产苹婆属中分布最广的一种，在华南山野间很常见。缅甸、泰国、越南、老挝也有分布。

　　生长习性：喜温暖湿润气候，喜生于排水良好的肥沃的土壤，耐荫蔽。对土壤要求不严，在喀斯特山地上生长良好。

　　栽培繁殖：播种繁殖，果成熟开裂时，带果采下，剥出种子，不宜暴晒脱水，即采即播，沙床不宜太湿，用甲基托布津或灭菌灵等杀菌处理，1 个星期即发芽。

　　观赏特性及园林用途：树冠广阔，树干通直，树姿优雅，树叶翠绿浓密，成熟时果壳开裂向外翻卷，鲜红色，种子乌黑圆润，观赏价值高，是优良的观赏植物，宜作庭园树、行道树及风景区绿化树种；可用于营造护岸固堤林、水源涵养林、水土保持林，常作混交林中下层结构树种。

（摄影人：李鹏初、黄颂谊、丰盈）

● 苹婆

别名：凤眼果、七姐果

Sterculia monosperma Ventenat

梧桐科　苹婆属

　　形态：常绿乔木，高 8~20 m。树皮褐黑色，树冠圆伞形。枝条韧皮纤维发达，嫩叶和幼叶芽被星状毛。叶互生，薄革质，倒卵状椭圆形或矩圆形，长 8~28 cm，宽 5~16 cm，先端短突尖或钝，基部圆或钝，全缘，两面具光泽。聚伞圆锥花序腋生或顶生；花杂性，小而多；无花瓣，白色。蓇葖果，果皮厚革质，密被短绒毛，熟时暗红色；种子近球形或长圆形，直径 1.5~2 cm，种皮棕褐色，种仁（子叶）肥厚，富含淀粉，煮熟可食，味美。花期 4~5 月，果熟期 7~8 月。

　　分布：中国广东、广西的南部、福建东南部、云南南部和台湾；印度、越南、印度尼西亚也有分布。

　　生长习性：喜温暖湿润气候，喜生于排水良好的肥沃的土壤，耐阴。对土壤要求不严，根系发达、速生，耐涝不耐旱，俗称"晴天芒果，落雨苹婆"。

　　栽培繁殖：扦插繁殖、高压繁殖、根蘖繁殖和播种育苗法；当蓇葖果成熟开裂时，及时取出种子，即采即播，避免暴晒脱水。播种后注意要遮阴保湿，7天后可出芽；大枝扦插易成活。在开花和幼果期，应勤浇水，保持土壤湿润；遇到干旱天气，需对整株树冠喷水，以助开花着果，增加结果数量。苹婆萌生能力强，应适时整形修剪。

　　病虫害：主要病虫害有炭疽病、根腐病和木虱等。

　　观赏特性及园林用途：树冠浓密，叶大而常绿，遮阴效果好；春花繁茂，形似皇冠，色泽清雅；秋天果实殷红，成熟时果壳开裂，微露出深褐色圆润略长的种子，很具凤眼形象，故又名凤眼果，是招引蝶类、鸟类、蜜蜂的优良城市绿化树种。常作遮阴树种、行道树种、或配置风景林丛；可用于营造防风林、护岸固堤林、水源涵养林、水土保持林。

（摄影人：李鹏初、黄颂谊）

● 木棉

别名：红棉、英雄树、攀枝花、斑芝棉、斑芝树

***Bombax ceiba* L.**

木棉科　木棉属

形态：落叶大乔木，高达 30 m。有板根；干粗耸直，有粗大皮刺，树皮灰白色，皮层厚，纤维发达；大枝近轮生。叶互生，掌状复叶，小叶 5~7 片，长圆形至长圆状披针形，顶端渐尖，基部阔或渐狭，全缘，两面均无毛。花单生枝顶叶腋或数朵成束生于近枝端，先叶开放，通常红色，有时橙红色；萼杯状，革质，长 2~3 cm，外面无毛，内面密被淡黄色短绢毛；花瓣肉质，倒卵状长圆形，长 8~10 cm，宽 3~4 cm。蒴果长圆形，内有白色绵毛。花期 3~4 月，果夏季成熟。

分布：中国华南、西南、东南和台湾；中南半岛、东南亚等地也有分布。生于热带稀树草地或山坡。华南地区常见栽培种。

生长习性：喜温暖干燥和阳光充足环境。不耐寒，稍耐湿，忌积水。耐旱，抗污染、抗风力强，深根性，速生，萌芽力强。适温 20℃~30℃，冬季温度不低于 5℃，以深厚、肥沃、排水良好的中性或微酸性砂质土壤为宜。

栽培繁殖：苗期保持土壤湿润，每月施肥一次。开花展叶期须一定湿度，冬季落叶期应保持稍干燥。种子繁殖，采后当年及时播种；嫁接繁殖要求开始萌动抽梢时嫁接，采用单芽切接易于成活，嫁接时应避开雨天。落叶期移栽可裸根，其他季节需带土球。

病虫害：主要虫害有叶甲类和尺蛾类植食昆虫。

观赏特性及园林用途：春天时，满树鲜红；夏天绿叶成荫；秋天枝叶萧瑟；冬天秃枝寒树，四季展现不同的景象，花大而美，树姿巍峨，在城乡广为种植，可作独赏树、遮阴树、行道树、孤植、对植、列植、丛植、群植、林植造景都可，常作主景树。

（摄影人：黄颂谊、李鹏初、叶育石）

●美丽异木棉

别名：美人树、丝木棉、南美木棉、美丽树

***Ceiba speciosa* (A.St.-Hil.) Ravenna**

木棉科　吉贝属

形态：落叶大乔木。树干下部膨大，幼树树皮浓绿色，密生圆锥状皮刺，侧枝放射状水平伸展或斜向伸展。掌状复叶有小叶 5~9 片；小叶椭圆形。花单生，花冠淡紫红色，中心白色；花瓣 5 反卷，花丝合生成雄蕊管，包围花柱。花期为每年的 9 月至翌年 1 月，冬季为盛花期；蒴果椭圆形，果实有大有小，大的像柚子，种子翌年春季成熟。

分布：原产阿根廷；中国广东、福建、广西、海南、云南、四川等广泛栽培。

生长习性：喜光而稍耐阴，喜高温多湿气候，略耐旱瘠，忌积水，抗风、速生、萌芽力强。花色各异，有红色、白色、粉红色、黄色；有很强的吸附有害浮尘和化解二氧化硫能力。

栽培繁殖：播种繁殖为主；在广州，种子成熟是在 3~4 月份，宜随采随播，发芽率可达 90%。移植成活率高，多施有机肥和复合肥生长迅速。根部庞大，树皮富含纤维，有较强的抗风能力。

病虫害：主要虫害有金龟子、红蜘蛛。

观赏特性及园林用途：树冠伞形，叶色青翠，成年树树干略呈酒瓶状；秋、冬季盛花期满树姹紫嫣红，秀色照人，单株花期长达 3 个月，观赏价值很高，是优良的观花乔木，适宜作庭院绿化和美化，可作行道树。可用作独赏树、遮阴树、行道树；孤植、对植、列植、丛植、群植、林植造景均可，常作主景树。

（摄影人：李鹏初、黄颂谊、丰盈、姜屿）

● 水瓜栗

Pachira aquatica **Aubl.**

木棉科　瓜栗属

　　形态：常绿乔木，高 15 m。树干基部膨大，茎皮淡黄褐色，有散生皮孔和不规整的纵裂纹，茎基部有发达的板状根，并有疏落的气根。侧枝粗壮，轮生，向四周水平伸展。掌状复叶，色彩墨绿，叶柄长 10~25 cm，两端膨大成关节状；小叶多可达 8 枚，全缘，长 15~25 cm，先端宽 10 cm，花萼小杯状，花瓣长 20~25 cm，宽 2~3 cm，海绵质，外淡黄里乳白，盛开时外卷，雄蕊多数超 20 cm，花丝上粉红下白色。木质蒴果，椭圆形或卵形。种子数 10 颗。花期 6 月，果熟期 9~10 月。

　　分布：原产南美的巴西、圭亚那、委内瑞拉等地的热带雨林，热带地区有栽培。中国华南地区有栽培。

　　生长习性：喜热带环境，喜富含腐殖质的酸性、湿润砂质土，热带雨林地区河岸靠水侧，常自然形成带状的单种优势群落；有一定耐旱能力和耐寒性。

　　栽培繁殖：种子繁殖，宜采后即播，保持湿润、不积水。也可嫁接或高压繁殖。耐修剪，冬季注意保暖。

　　观赏特性及园林用途：树干挺直，树叶葱绿繁茂，花大优美，很有特色。宜作庭园绿化及行道树；孤植成景，列植、群植、林植均可。

（摄影人：黄颂谊）

● 瓜栗

别名：发财树、马拉巴栗

***Pachira macrocarpa* (Cham. et Schlecht.) Walp.**

木棉科　瓜栗属

　　形态：常绿小乔木，高 4~5 m。树冠较松散，幼枝栗褐色，无毛。小叶 5~11，具短柄或近无柄，长圆形至倒卵状长圆形，渐尖，基部楔形，全缘，上面无毛。花单生枝顶叶腋；花瓣淡黄绿色，狭披针形至线形，花丝部黄色，向上变红色；花柱长于雄蕊，深红色。蒴果近梨形，果皮厚，木质，几黄褐色，外面无毛，内面密被长绵毛。花期 5~11 月，果先后成熟。

　　分布：原产中美墨西哥至哥斯达黎加。中国广东、福建、云南有栽培。

　　生长习性：喜光，耐阴，喜高温多湿气候，耐旱，不耐寒。喜肥沃疏松、透气保水的砂壤土，喜酸性土，忌碱性土或黏重土壤，较耐水湿，也稍耐旱。

　　栽培繁殖：播种或扦插繁殖为主。播种繁殖时种子采收后要立即播下；扦插可于 5~6 月取萌芽枝作插穗，插入砂或峻石中，注意遮阴，保湿，约 1 个月即可生根。

　　病虫害：常见病害有根腐病、叶枯病。

　　观赏特性及园林用途：树干挺拔，花大优美，叶色浓绿，是良好的庭园观赏树木，可作庭荫树、孤植、列植或群植；由于具有耐阴、耐旱、耐修剪的特性，常通过人工制作造型成为室内盆栽摆设植物。

（摄影人：黄颂谊）

● 木芙蓉

别名： 芙蓉花、拒霜花、木莲、地芙蓉、华木

Hibiscus mutabilis **L.**

锦葵科　木槿属

观赏特性及园林用途： 花期长，花大色艳，花色有白、紫、粉、红，单花在一天之内颜色逐渐变化，适合种植于池边、溪边和建筑物周围，也可营造主题园。

（摄影人：李鹏初、陈峥）

形态： 落叶小乔木，高 2~5 m。树冠近球形，小枝、叶柄、花梗和花萼均密被星状毛与直毛相混的细绵毛。叶互生，宽卵形至圆卵形或心形，常 5~7 裂，裂片三角形，先端渐尖，基部心形，边缘具钝锯齿，上面疏被星状细毛和点，下面密被星状细绒毛。花单生于枝端叶腋间。花晨开时白色，日中淡红色，午后变深红色，一日三变，故又称为"醉酒芙蓉"，又因其花晚秋方开，故又名"拒霜花"。蒴果扁球形。

分布： 原产于中国西南部地区，华南地区至黄河流域广为栽培。

生长习性： 喜光，稍耐阴，喜温暖湿润气候，不耐寒，忌干旱，耐水湿，对土壤要求不高，瘠薄土地亦可生长，在肥沃湿润而排水良好的砂壤土，生长较快，萌蘖性强。

栽培繁殖： 扦插为主，亦可播种、分株、压条繁殖。长势健壮，萌枝力强，易移植。耐修剪，管理注意剪除杂乱枝及萌蘖，又可截干使其丛生，枝密花繁。适应性强，对氟及氯有一定抗性，对二氧化硫抗性特强。

病虫害： 主要病虫害有木芙蓉白粉病、蚜虫、红蜘蛛、角斑毒蛾、小绿叶蝉等。

● 黄槿

别名：水芒、海麻、万年春、海罗树

Hibiscus tiliaceus **L.**

锦葵科　木槿属

形态： 常绿灌木或乔木，高 3~7 m。干直立，枝叶茂密，茎皮纤维发达；树冠圆形或圆伞形。树皮灰白色。叶互生，革质，近圆形或广卵形，先端突尖，有时短渐尖，基部心形，全缘或具不明显细圆齿，上面绿色。花序顶生或腋生，常数花排列成聚散花序，基部有一对托叶状苞片；花冠钟形，直径 6~7 cm，花瓣黄色，内面基部暗紫色，倒卵形。蒴果卵圆形。花期 6~8 月。

分布： 中国华南、福建、台湾等地；印度、中南半岛至东南亚亦有分布。常见生于沿海岸地带或河旁。

生长习性： 阳性植物，生性强健，土壤以砂质壤土为佳，耐旱、耐贫瘠、抗风、耐盐碱，适合海边种植。耐盐及抗风、抗大气污染力强，对氯气及二氧化硫抗性均较强，滞粉尘能力强。

栽培繁殖： 以播种繁殖和扦插繁殖为主。种子种皮厚、坚硬，不易吸水，播种前须处理，长出真叶后揭开遮阳网。扦插 1~2 个月发根。

观赏特性及园林用途： 树冠圆伞形，枝叶繁茂，花大色黄，花期长，在广州及广东沿海地区多作行道树。可观叶、观花，可作庭园风景树；为海岸防沙、防潮、防风之优良树种；适合在有毒有害工矿区绿化配植，或作为荒山绿化先锋树种。

（摄影人：李鹏初、黄颂谊）

● 石栗

别名：烛果树、油桃、黑桐油树

***Aleurites moluccana* (L.) Willd.**

大戟科　石栗属

　　形态：常绿乔木，高 10~15 m。树形整齐美观，干通直，枝自然屈伸，姿形美。树皮暗灰色，浅纵裂至近光滑；叶互生，革质，卵形至椭圆状披针形（萌生枝上的叶有时圆肾形，具 3~5 浅裂），顶端短尖至渐尖，基部阔楔形或钝圆，稀浅心形，全缘或 (1~) 3(~5) 浅裂。花雌雄同株，同序或异序，乳白色至乳黄色。核果近球形或稍偏斜的圆球状。花期 4~8 月，果期 10~11 月。

　　分布：原产亚洲热带，南太平洋群岛等地。中国广东、福建、海南、云南、台湾有栽培。

　　生长习性：喜光耐旱、怕涝，对土壤要求不太严，只要光照充足，地下水位低的地方都可以种植，尤以土层深厚新开垦的坡地种植较好（不宜选择刚种过桃、李的地块）。萌生力强、生长快速，耐旱，易移植。

　　栽培繁殖：播种、嫁接法繁殖为主。

　　病虫害：主要病虫害有细菌、真菌性病、蚜虫、一点蝉，山地有蝗虫。

　　观赏特性及园林用途：树冠开展，枝叶浓密，绿荫常青，具有较好的观赏、遮阴和吸尘效果，是优良的行道树种，适合城市各类绿地绿化，适合在有毒有害工矿区绿化配植或作防护林树种。

　　（摄影人：李鹏初、黄颂谊、周金玉）

● 五月茶

别名： 五味子、污槽树（广东）、五味叶、酸味树、五味菜

Antidesma bunius (L.) Spreng.
大戟科　五月茶属

　　形态： 常绿乔木，高达 10 m。树皮灰褐色，小枝有明显皮孔。单叶互生。叶片纸质，长椭圆形、倒卵形或长倒卵形，顶端急尖至圆，有短尖头，基部宽楔形或楔形，叶面深绿色，常有光泽，叶背绿色。花小，单性，雌雄异株；花萼杯状，绿色；核果近球形或椭圆形，成熟时红色。花期 3~5 月，果期 6~11 月。

　　分布： 中国广东、福建、江西、湖南、海南、广西、贵州、云南和西藏等地，广布于亚洲热带地区直至澳大利亚昆士兰。生于海拔 200~1 500 m 疏林或密林中。

　　习性： 喜光，耐阴，喜温暖、湿润气候，不择土质，肥沃的酸性土最佳，抗风性强。

　　观赏特性及园林用途： 树冠展开，枝叶茂密，青翠浓绿，果色艳丽，满树火红，十分可爱，易招引鸟类、食果类动物。适用于城市各类绿地，可作城市绿化遮阴树种、行道树种、林丛树种。

（摄影人：陈峥、丰盈）

● 秋枫

别名：茄冬、水枧、高粱木

***Bischofia javanica* Bl.**

大戟科　秋枫属

形态： 常绿或半常绿大乔木，高达 40 m。树干分枝低；树皮灰褐色至棕褐色，枝皮近平滑，老树皮粗糙，内皮纤维质，稍脆；树皮伤后流红色汁液，干凝后变淤血状；木材鲜时有酸味。三出复叶，稀 5 小叶，互生；小叶软革质，小叶片纸质，卵形、椭圆形、倒卵形或椭圆状卵形，顶端急尖或短尾状渐尖，基部宽楔形至钝，边缘有浅锯齿，鲜叶边缘呈透明；花小，雌雄异株，多朵组成腋生的圆锥花序；果实浆果状，圆球形或近圆球形，淡褐色。花期 4~5 月，果期 8~10 月。

分布： 中国南部；越南、印度、日本、印度尼西亚至澳大利亚也有分布。常生于海拔 800 m 以下山地潮湿沟谷林中或平原。华南地区广泛栽培。

生长习性： 喜阳，幼树稍耐阴，喜水湿，为热带和亚热带常绿季雨林中的主要树种。喜温暖而耐寒力较差，对土壤要求不严。能耐水湿，根系发达，抗风力强。

栽培繁殖： 播种繁殖，发芽率达 80%。播种选用当年采收的种子，种子保存时间越长，发芽率越低。在深秋、早春季或冬季播种后，遇到寒潮低温时，用塑料薄膜保温保湿；3 片或 3 片以上的叶子后就可以移栽。园林绿化用中苗截干栽植，易成活而快成景。

病虫害： 主要虫害有叶蝉。

观赏特性及园林用途： 枝叶繁茂，树冠圆盖形，树姿壮观，叶色亮绿，适合城市各类绿地，可作独赏树种、遮阴树种、行道树种、防护树种。宜作庭园树和行道树，也可在草坪、湖畔、溪边、堤岸、有毒有害工矿区种植，可营造大气污染防护林、水源涵养林、护岸固堤林及防风林。招鸟树种。

（摄影人：黄颂谊）

● 重阳木

别名：乌杨、红桐

***Bischofia polycarpa* (H. Lévl.) Airy Shaw**
大戟科　秋枫属

　　形态：落叶乔木，高达 30 m。树皮褐色，厚 6 mm，呈薄片状浅裂，内皮层淡红色；木材表面槽棱不显；树冠伞形状，大枝斜展。三出复叶；顶生小叶通常较两侧的大，小叶片薄革质，卵形或椭圆状卵形，有时长圆状卵形，顶端突尖或短渐尖，基部圆或浅心形，边缘具钝细锯齿。花雌雄异株，春季与叶同时开放，组成总状花序，花淡绿色；果实浆果状，圆球形，成熟时褐红色。花期 4~5 月，果期 10~11 月。

　　分布：中国秦岭、淮河流域以南至福建和广东的北部，生于海拔 1 000 m 以下山地林中或平原。华南地区广泛栽培。

　　生长习性：喜温暖气候，耐寒，喜光而稍耐阴，对土壤要求不严，耐水湿，在疏松沃润的砂壤土或冲积土中生长较快，根系发达，抗风力强，对二氧化硫有一定抗性。

　　栽培繁殖：多播种繁殖。最佳种植时间是春季萌芽期，成活率最高，栽种时应带土球。

　　病虫害：主要虫害有吉丁虫、红蜡介壳虫、皮虫及刺蛾等。

　　观赏特性及园林用途：树姿优美，冠如伞盖，花色淡绿，是良好的遮阴树种、行道树种、防护树种。宜作庭园树和行道树，也可在草坪、湖畔、溪边、堤岸、有毒有害工矿区种植，可营造大气污染防护林、水源涵养林、护岸固堤林及防风林。亦可作生态混交林树种应用。招鸟树种。

　　（摄影人：李鹏初、黄颂谊）

● 土蜜树

别名：逼迫子、夹骨木、猪牙木

***Bridelia tomentosa* Bl.**

大戟科　土蜜树属

形态：常绿灌木或小乔木，通常高 2~5 m。树皮深灰色，上有浅裂纹，在裂纹中有无数细小橙黄色突出的皮孔。枝条细长下垂，幼枝、叶背、叶柄、托叶和雌花的萼片外面被柔毛或短柔毛；叶片纸质，单叶互生，长圆形、长椭圆形或倒卵状长圆形，顶端锐尖至钝，基部宽楔形至近圆，叶面粗涩。花非常细小，由 5 枚黄绿色至白色的花瓣组成，花雌雄同株或异株，簇生于叶腋。肉质核果，近圆球形，成熟时黑色。种子褐红色，腹面压扁状，有纵槽，背面稍凸起，有纵条纹。花果期几乎全年。

分布：中国福建、台湾、广东、海南、广西和云南；亚洲东南部至澳大利亚地区也有分布。生于山地林中或灌丛中。

生长习性：喜高温高湿，不耐寒，生长适温约为 22℃~32℃。全日照、半日照均能生长，但光照充足生长较旺盛。以石灰质壤土或砂质壤土为佳，排水需良好。耐旱耐瘠，分枝较低，常成灌丛。

栽培繁殖：用播种、高压法繁殖。春至夏季为幼株生长盛期，须追肥 2~3 次；冬季长期低温会有半落叶现象，春季修剪整枝，春暖后枝叶更茂密。

观赏特性及园林用途：树冠开展，枝条柔软下垂；为新叶有色类树种，观果类树种。极易招蜂引蝶、吸引鸟类、食果类动物，适用于城乡绿化，可作林丛树种；为营造护坡固土林或荒山造林优选树种。

（摄影人：丰盈）

● 蝴蝶果

别名：密壁、猴果、山板栗、红翅槭

Cleidiocarpon cavaleriei (Levl.) Airy Shaw

大戟科　蝴蝶果属

形态：常绿乔木，高 15~30 m。幼枝、花枝、果枝均有星状毛。叶集生小枝顶端，叶近革质，全缘，椭圆形或长圆状椭圆形，顶端渐尖，稀急尖，基部楔形。圆锥花序，长 10~15 cm，花单性同序。果实核果状，单球形或双球形，偏斜，直径 2~3 cm，顶端有尖头，具宿萼。花期 3~4 月及 9~10 月，果期 8~9 月及翌年 2~4 月。

分布：中国贵州南部、广西西部、云南东南部，生于海拔 150~750 m 山地或石灰岩山的山坡或沟谷常绿林中。越南和缅甸也有分布。国家Ⅲ级保护植物。

生长习性：喜光，喜温暖多湿气候，耐寒，但抗风较差。对土壤要求不严；在石砾土和重黏土上则生长不良；幼苗和幼树易受冻害。

栽培繁殖：播种繁殖为主，种子寿命短，极易丧失发芽力，应随采随播。也可扦插繁殖。

观赏特性及园林用途：树形美观，枝叶繁茂，叶色浓绿，抗病力强，适合作行道树或庭园绿化树。

（摄影人：周金玉）

● 血桐

别名：流血桐、帐篷树

***Macaranga tanarius* (L.) Muell. Arg.**

大戟科　血桐属

　　形态：常绿乔木，高5~10 m。嫩枝、嫩叶、托叶均被黄褐色柔毛或有时嫩叶无毛；树皮光滑，被白霜。单叶互生，丛生于枝端；叶片盾状着生，纸质或薄革质，近圆形或卵圆形，先端呈尾状锐尖，基部浅心形、截形、盾形或钝圆形，边缘有波状细锯齿。花期4~5月，果期6月。

　　分布：中国广东、福建、台湾；东南亚至大洋洲也有分布。生于沿海低山灌木中或次生林中。

　　生长习性：喜光，喜高温湿润气候，适应性强，繁殖力强，种子落地常自生。土质不拘，凡排水良好之地均能生长，但以壤土或砂质壤土为佳。抗风，耐盐碱，抗大气污染。

　　栽培繁殖：以播种法繁殖，繁殖力强，春、秋季为适期。栽培容易，生长迅速。

　　观赏特性及园林用途：树液红色而得名，树冠圆伞状，树姿壮健，生长繁茂，叶色亮绿，为优良的绿荫树，可植于海岸，有保持水土功能。作行道树或住宅旁遮阴树，适合工矿区绿化配植，配植滞尘吸音隔离林带。

（摄影人：黄颂谊、陈峥）

● 余甘子

别名：油甘子、望果、滇橄榄、喉甘子、牛甘子
Phyllanthus emblica **L.**
大戟科　叶下珠属

　　形态：常绿乔木，高 3~23 m。树皮浅褐色；枝条具纵细条纹，被黄褐色短柔毛，叶片纸质至革质，二列，条状长圆形，顶端截平或钝圆，有锐尖头或微凹，基部浅心形而稍偏斜，上面绿色，下面浅绿色。多朵雄花和 1 朵雌花或全为雄花组成腋生的聚伞花序。蒴果呈核果状，圆球形，外果皮肉质，可食，绿白色或淡黄白色。花期 4~6 月，果期 7~9 月。
　　分布：中国广东、海南、四川、贵州、云南等地；中南半岛和马来西亚、印度也有分布。生于山地林中或山坡灌丛中。
　　生长习性：极喜光，耐干热瘠薄环境，萌芽力强，根系发达，怕寒冷，遇霜容易落叶、落花，甚至冻坏嫩枝条。
　　栽培繁殖：用种子和嫁接繁殖，以向阳山坡、梯田和园地栽培为宜。

　　病虫害：主要虫害有木毒蛾、介壳虫、蚜虫等。
　　观赏特性及园林用途：树姿优美飘逸，枝叶柔美，适用于城乡绿化，可作庭园风景树，是荒山、荒地造林的理想树种。可保持水土，可作厂区、荒山、荒地、酸性土造林的先锋树种。亦可栽培为果树。

（摄影人：陈峥）

● 山乌桕

别名：红心乌桕、红叶乌桕、山柳、山柏子、山柏

Triadica cochinchinensis **Lour.**

大戟科　乌桕属

风景林丛树种，适宜营造护坡固土林、水土保持林、水源涵养林，为荒山造林的优良树种和蜜源植物。

（摄影人：黄颂谊、陈峥）

　　形态：落叶小乔木，高 5~12 m，全株无毛。叶纸质，互生，椭圆形或长卵形，顶端钝或短渐尖，基部楔形，全缘；叶柄长 2~7 cm，顶端具 2 个腺体。花序顶生，蒴果球形。花期 4~6 月，果期 8~9 月。

　　分布：中国广东、广西、云南、四川、贵州、湖南、江西、安徽、福建、浙江、台湾等地；印度、缅甸、老挝、越南、马来西亚及印度尼西亚也有分布。生于海拔 50~500 m 的山地疏林中，多星散生长于酸性土壤地区的疏林、灌木丛中。

　　生长习性：喜光、喜温暖环境，喜湿润而肥沃土壤。耐干旱，根系发达，抗风力强。

　　栽培繁殖：播种繁殖为主，种子外被蜡质，播种前要脱蜡，用 60℃~80℃ 热水浸泡，用冷水浸种 3 天，取出种子除去蜡皮。

　　病虫害：主要虫害有小地老虎、毒蛾、樗蚕、水青蛾、大柏蚕、乌桕卷叶虫、袋蛾、蛴螬等。

　　观赏特性及园林用途：树姿优美，嫩叶红色，老叶霜后变红，华南海拔较高地区营造红叶景观优良树种，适用于城乡绿化，可作遮阴树种、防护树种、

● 乌桕

别名: 柏树、腊子树、柏子树、木子树、木蜡树、
木油树

Triadica sebifera (L.) Small

大戟科　乌桕属

形态: 落叶乔木，高达 15 m。具乳状汁液；树皮
暗灰色，有纵裂纹；枝广展，具皮孔。叶互生，纸质，
菱形或菱状卵形，顶端骤然紧缩具尖头，全缘；叶柄
纤细，顶端具 2 腺体。花单性，雌雄同株，聚集成顶
生的总状花序，长 6~12 cm。蒴果梨状球形，成熟时
黑色。花期 4~8 月，果期 10~11 月。

分布: 中国黄河以南各地；日本、越南、印度也有
分布。生于旷野、塘边或疏林中。华南地区常见栽培。

生长习性: 喜光，不耐阴。喜温暖环境，不甚耐寒。
对酸性、钙质土、盐碱土均能适应。主根发达，抗风力强、
抗盐性强、耐水湿；对氟化氢气体有较强的抗性。

栽培繁殖: 播种繁殖，优良品种用嫁接法，也可用
埋根法繁殖。移栽宜在萌芽前春暖时进行，带土球移栽。

病虫害: 病虫害较少，主要是刺蛾类危害。

观赏特性及园林用途: 珠三角平原秋季重要观叶
树种，深秋后叶色逐渐变为黄色或红色，具有较高的
观赏价值，可作行道树，也可栽植于广场、公园、庭
院或成片栽植于景区、森林公园中，能营造良好的景
观效果。常配置于湖畔、溪旁、水滨或山坡，孤植、
丛植、群植、林植均适合。

（摄影人：李鹏初、黄颂谊、丰盈）

● 千年桐

别名： 皱桐、广东油桐、木油桐、皱果桐

Vernicia montana Lour.

大戟科　油桐属

形态： 落叶乔木，高达 10 m。叶互生，阔卵形，长 8~20 cm，宽 7~18 cm，顶端渐尖，基部心形至截平，全缘或 2~5 裂，基出脉 5，基部有 2 枚具柄的杯状腺体。雌雄异株或同株；花瓣白色或基部紫红色且有紫红色条纹，倒卵形，长 2~3 cm。核果卵球状，直径 3~5 cm，具 3 条纵棱，棱间有粗网状皱纹。花期 4~5 月，果期 8~9 月。

分布： 中国浙江、江西、福建、台湾、湖南、广东、海南、广西、贵州、云南等地；越南、泰国、缅甸也有分布。生于海拔 1 300 m 以下的疏林中。本种在华南亚热带丘陵山地较多栽培。

生长习性： 喜光，需强光，在光照充足条件下方开花结果良好。耐热，夏季宜有较长的湿热气候；宜栽植向阳避风处。要求土层深厚肥沃、疏松、排水良好的微酸性土壤，在中性或微碱性土壤中亦生长良好，不耐水湿与罕瘠，低洼积水、过于黏重的强酸性土壤中生长不宜。成树较难移植。生长快但寿命较短。对二氧化硫的污染极敏感，可用作监测。

栽培繁殖： 以播种繁殖为主，种子采收后将种子硬壳打破，马上播种，可以直播造林或植苗造林。

病虫害： 主要虫害有红脚绿金龟、眉斑楔天牛等。

观赏特性及园林用途： 树姿优美，开花雪白壮观，开花能诱蝶，属优良的园景树、行道树、遮阴树。于庭园、校园、公园、游乐区、庙宇等单植、列植、群植均可。

（摄影人：黄颂谊、陈峥）

● 桃

Amygdalus persica **L.**

蔷薇科　桃属

形态：落叶乔木，高达 10 m。树冠宽广而平展；树皮暗红褐色，老时粗糙呈鳞片状；小枝细长，有光泽。叶片椭圆状披针形，先端渐尖，基部宽楔形。花单生，先于叶开放。花瓣 5，长圆状椭圆形至宽倒卵形，粉红色，稀为白色。果实卵形、宽椭圆形或扁圆形，由淡绿白色至橙黄色，向阳面具红晕，外面密被短柔毛。花期 3~4 月，果期 8~9 月。

分布：原产中国北部，各地广泛栽培。世界各地均有栽植。

生长习性：喜光，耐旱，耐寒力强。最怕渍涝，喜排水良好、土层深厚的砂质微酸性土壤。

栽培繁殖：嫁接繁殖为主，也可播种繁殖。苗木繁育应采用嫁接法，砧木有山桃和毛桃。多用切接或盾形芽接。切接在春季芽萌动时进行，芽接于 8 月上旬至 9 月上旬进行。桃树多为复花芽，成花易，花量大，白花结实率高，异花授粉可明显提高结实率。

病虫害：主要病虫害有木心腐病、红颈天牛、吉丁虫等。

观赏特性及园林用途：枝干扶疏，花朵丰腴，繁花似锦，是我国传统名花，是著名的园林春季观花树种。常作庭园、公园、风景区、森林公园植物造景的主体，用以创造桃红柳绿的早春经典景色。桃花也常做切花，可盆栽或盘扎制作桩景。

（摄影人：黄颂谊、陈峥、丰盈）

● 梅

别名：春梅、干枝梅、酸梅、乌梅

Armeniaca mume Sieb.

蔷薇科　杏属

形态：落叶乔木，稀灌木，高 4~10 m。树皮浅灰色或带绿色，平滑；小枝光滑无毛。叶片卵形或椭圆形，先端尾尖，基部宽楔形至圆形，叶缘常具小锐锯齿。花先于叶开放，单生或有时对生，香味浓；花瓣 5，倒卵形，白色至粉红色。果实近球形，黄色或绿白色，被短柔毛，味酸。花期冬、春季，果期5~6 月。

分布：中国南方；日本和朝鲜也有分布。我国各地均有栽培，以长江流域以南各地最多。

生长习性：喜光，不耐阴，耐寒，不耐热；耐旱，忌水涝。对土壤要求不严，但以中性至微碱性且深厚、肥沃、疏松的土壤最好。根系发达，萌芽力强，耐修剪。

栽培繁殖：播种或嫁接繁殖。春播或秋播均可，播种繁殖容易，发芽率高。嫁接繁殖可保持优良性状。花后适当追施肥料，对过长的枝条进行修剪。

病虫害：主要病虫害有炭疽病、毛毡病、红蜘蛛、蚜虫、叶蝉、介壳虫、毛虫、蓑蛾等。

观赏特性及园林用途：我国著名传统名花。枝干虬曲，姿态苍古，花形秀丽，色泽清雅，清香怡人，是早春庭院中常见的观花树种，也可作果树栽培。适宜配植于庭院、低山丘陵，公园草地、路边或墙角、池畔。可孤植、丛植，常成片栽植，更能衬托出春的景象。极易招引鸟类、蝶类、及食果类动物。又可盆栽观赏或加以整剪做成各式桩景，或作切花瓶插供室内装饰用。梅花有许多园艺栽培品种，主要有白粉梅、美人梅、玉碟梅、宫粉梅、朱砂梅、绿萼梅等品种系列。

（摄影人：黄颂谊）

● 樱花

Cerasus yedoensis (Matsum.) Yu et Li

蔷薇科　樱属

形态：落叶乔木，高 3~8 m。树皮灰色；小枝淡紫褐色，无毛。叶片倒卵形或椭圆卵形，长 5~12 cm，先端渐尖或骤尾尖，基部圆形，稀楔形，边有尖锐重锯齿，齿端有小腺体。花序伞形总状，总梗短，有花 3~4 朵，先叶开放；花瓣白色或粉红色，椭圆卵形，先端下凹，全缘或二裂。核果近球形，黑色。花期 4 月，果期 5 月。

分布：原产日本。中国各地均有栽培。部分品种在华南地区生长良好。

生长习性：喜光、耐寒，喜温暖湿润的气候环境，不耐盐碱，对土壤的要求不严，以深厚肥沃的砂质壤土生长最好；根系浅，忌积水与低湿。对烟及风抗力弱。

栽培繁殖：分株、扦插或压条繁殖。

病虫害：主要病虫害有穿孔性褐斑病、叶枯病、介壳虫。

观赏特性及园林用途：花朵极其美丽，盛开时节，满树烂漫，如云似霞，是春天开花的著名观赏花木。数株配植，别有风貌；几十或几百株群植，云蒸霞蔚。适合种植于池边、湖畔、溪流岸边；或路旁列植、或与常绿针、阔叶背景树配置，花开时甚为灿烂。

（摄影人：黄颂谊）

● 枇杷

别名：蜜丸、琵琶果、卢桔

***Eriobotrya japonica* (Thunb.) Lindl.**

蔷薇科　枇杷属

形态：常绿小乔木，高 3~7 m。小枝密生锈色或灰棕色绒毛。叶革质，披针形、倒披针形、倒卵形至椭圆形，长 12~30 cm，上部边缘有疏锯齿，基部全缘，下面密生灰棕色绒毛。圆锥花序顶生，总花梗、花梗、苞片、花萼外面密被锈色绒毛；花瓣白色，芳香。果实球形或长圆形，熟时黄色或橘黄色。花期 10~12 月，果期 5~6 月。

分布：中国和日本。江苏、福建、浙江、四川等地栽培最盛。

生长习性：喜阳，耐旱。花期在冬末春初，冬春低温将影响其开花结果。对土壤要求不严，适应性较广，但以含砂或石砾较多疏松土壤生长较好；忌积水。对粉尘抗性强，抗二氧化硫和氯气的能力一般。

栽培繁殖：播种、嫁接繁殖为主，亦可高枝压条，可用实生苗或石楠作砧木。

病虫害：主要病虫害有蜘蛛、黄蜘蛛、举尾虫、黄毛虫、天牛、枇杷灰蝶、梨小食心虫和枝干腐烂病、叶斑病等。

观赏特性及园林用途：枝叶茂盛，叶长似琵琶，花色雅洁，成熟果色橙黄，具优良的生物诱引能力。适用于庭园、公园、风景区、森林公园、学校、单位、工厂、山坡、庭院、路边、建筑物前，可作庭荫树种、风景林丛树种。

（摄影人：黄颂谊）

● 豆梨

别名: 鹿梨、棠梨、酱梨、野梨、鸟梨、杜梨、
梨丁子

Pyrus calleryana **Decne.**

蔷薇科　梨属

　　形态: 乔木,高 5~8 m。小枝粗壮,圆柱形,幼
嫩时有绒毛,老时脱落。叶片宽卵形至卵形,稀长
椭卵形,先端渐尖,基部圆形至宽楔形,边缘有钝
锯齿,两面无毛。伞形总状花序,总花梗和花梗无毛;
花瓣白色,卵形;雄蕊稍短于花瓣。梨果球形,黑褐色,
有斑点,有细长果梗。花期 2~4 月,果期 8~9 月。

　　分布: 中国华东、华南各地;越南也有分布。适
生于海拔 80~1 800 m 的山坡、平原或山谷杂木林中。

　　生长习性: 喜光,稍耐阴,不耐寒,耐干旱、耐
瘠薄。对土壤要求不严,在碱性土中也能生长。深
根性;生长较慢。

　　病虫害: 具抗病虫害能力。

　　观赏特性及园林用途: 树形潇洒,冠如伞张;春
花胜白雪,秋果压满枝,为白色系春、夏季观花类树
种。适用于庭园、公园、风景区、森林公园;适宜庭前、
草坪、山坡、岭地等处丛植、群植或林植,或路边列
植。南方通常作沙梨栽培的砧木,也可作大型盆栽。

　　　　　　　　(摄影人:黄颂谊、姜屿、邓双文)

● 大叶相思

别名：耳叶相思、耳果相思、耳荚相思

Acacia auriculiformis A. Cunn. ex Benth.

含羞草科　金合欢属

形态： 常绿乔木，高 6~15 m，具有浓密而扩展的树冠。树皮平滑，灰白色。小枝有棱、下垂、无毛，皮孔显著。叶状柄镰状长圆形，长约 13 cm，宽 2.5 cm，两端渐狭，具纵向平行脉 3~7 条。穗状花序，长 5~6 cm，1 至数枝簇生于叶腋或枝顶，下垂；花芳香，金黄色。荚果初始平直，成熟扭曲成圆环状，结种处略膨大。种子椭圆形，坚硬、黑色。花期 8~11 月，果期翌年 3~4 月。

分布： 原产澳大利亚北部及新西兰；中国广东、广西、海南、福建等地广为栽培。

生长习性： 喜光，喜湿润，耐温怕霜冻，生长适温 20℃~35℃，持续低温易遭寒害。浅根性树种，适应性强，对土壤要求不严，能耐旱耐瘠，也适生于滨海沙滩。具有根瘤菌固氮，土壤 pH 值一般为 6~7。抗风能力较弱，易风倒或风折。萌芽力很强，机械损伤后易恢复。抗二氧化硫、氯气、机动车尾气。

栽培繁殖： 可采用播种、扦插和压条等方法进行繁殖。

病虫害： 主要病虫害有叶枯病、白粉病、白蚁、金龟子。

观赏特性及园林用途： 树冠婆娑，四季常青，开花时黄花灿烂，花香满树，非常美观，适合作行道树、列植、群植、林植均可。

（摄影人：黄颂谊、陈峥）

● 台湾相思

别名：相思树、台湾柳、相思仔、洋桂花

Acacia confusa **Merr.**

含羞草科　金合欢属

形态：常绿乔木，高 6~15 m。枝灰色或褐色，小枝纤细。苗期第一片真叶为羽状复叶，长大后小叶退化，叶状柄革质，宽 5~13 mm，狭披针形或微呈弯镰状，具明显纵脉 3~5 条。头状花序球形，单生或 2~3 个簇生于叶腋；总花梗纤弱；花金黄色，有微香。荚果扁平，于种子间微缢缩，顶端钝有凸头，基部楔形；种子扁椭圆形。花期 3~10 月，果期 8~12 月。

分布：中国福建、广东、广西、云南、台湾；东南亚地区也有分布。

生长习性：性强健，喜温暖气候，畏寒，极喜光，不耐阴，对土壤要求不苛，但亦耐瘠薄，在砂质、黏质土壤中均可生长，在石灰质土壤中生长不良。耐旱，亦耐短期水浸。根深而坚韧，抗风力强。萌芽、萌蘖力强，耐砍伐。根部有根瘤，有较强的固氮性，长期栽种能改善土壤条件。

栽培繁殖：播种繁殖。7 月荚果熟时由青绿色变为褐色，应及时采种，采回果实晒干，取出种子，干藏，播种一周破土，有 3 片假叶时可出圃造林。

病虫害：主要病虫害有炭疽病、立枯病、孢锈菌、台湾相思豆象、茶黄蓟马、大蟋蟀、吹绵蚧、龙眼蚁舟蛾等。

观赏特性及园林用途：树冠轮廓婉柔，婆娑可人；苍翠绿荫，四时不凋；盛花金黄灿烂，鲜艳夺目，颇为壮观，极易招引蝶类、鸟类，为黄色系花，春、夏、秋三季观花类树种。广泛用于城市绿化，常配置遮阴树、行道树和风景林丛；尤其适宜荒山造林，为沿海地区营造防海潮风林、防海潮固沙林以及薪炭林的重要树种。

（摄影人：黄颂谊）

119

● 马占相思

Acacia mangium Willd.

含羞草科　金合欢属

　　形态：常绿乔木，高达 18 m。树皮粗糙，主干通直，树形整齐，小枝有棱。叶状柄长倒卵状披针形，长 12~15 cm，宽 2~4 cm，中部宽，两端收窄，纵向平行脉 4 条。穗状花序腋生，下垂；花淡黄白色。荚果扭曲。花期 10 月。

　　分布：原产于澳大利亚至马来群岛等地。中国华南地区有栽培。

　　生长习性：喜光，浅根性。根部有菌根菌共生，生长迅速，能耐瘠薄土壤，不耐寒，苗木在 4℃ 时会受害。抗粉尘、氯化氢及二氧化硫的能力强。

　　栽培繁殖：播种繁殖。种皮坚硬，且外层裹有蜡质，不易吸水膨胀，播种前用 5~10 倍于种子体积的沸水 (100℃) 浸种至冷却，再用清水浸种一昼夜，取出种子晾干置于沙床常温催芽。苗期主要注意水肥管理，气温在 20℃ 以上，播后 5~7 天种子即发芽出土，3~5 天发生真叶。点播后应经常淋水，保持容器内的营养土湿润，出苗 30 天。每隔 7~10 天施一次 1:100 的复混肥。培育 3 个月，地径达 0.20~0.25 cm，苗高 15~20 cm，即可出圃造林。

　　观赏特性及园林用途：树形整齐美观，树干通直，叶形奇特，广泛用于城市绿化，常配置遮阴树、行道树和风景林丛；是荒山造林的重要树种之一。

（摄影人：黄颂谊、陈峥）

● 银叶金合欢

别名： 珍珠金合欢、珍珠相思、昆士兰银条

Acacia podalyriifolia **G. Don**

含羞草科　金合欢属

形态： 常绿乔木，高达 18 m。树皮粗糙，主干通直，小枝有棱。叶状柄长倒卵状披针形，长 12~15 cm，宽 2~4 cm，中部宽，两端收窄，纵向平行脉 4 条。穗状花序腋生，下垂；花淡黄白色。荚果扭曲。花期 10 月。

分布： 原产热带美洲，广布于热带地区；中国浙江、台湾、福建、广东、广西、云南、四川等地有引种。

生长习性： 喜阳光；适宜排水性良好的土壤，适宜温暖的气候，能耐旱；在温带、亚热带及半干旱地区都能生长。

观赏特性及园林用途： 叶银灰色，球状花金黄色，芳香，重要的观花、赏叶小乔木，适用于公园、风景区、森林公园、道路两旁绿化，多孤植或丛植。多枝、多刺，可植作绿篱。

（摄影人：黄颂谊、丰盈）

● 海红豆

别名：红豆、相思豆

Adenanthera pavonina L. var.
microsperma (Teijsm. et Binn.) Nielsen

含羞草科　海红豆属

形态：落叶乔木，高达 30 m。树皮在壮龄期灰褐色，平滑，老时红褐色，呈薄片剥落。嫩枝被微柔毛。二回羽状复叶；羽片 3~6 对，每羽片有小叶 7~17 片，互生；小叶薄纸质，矩圆形或卵形，两端钝圆。总状花序单生于叶腋或复排成圆锥状顶生；花小，淡黄色，芳香。荚果带状旋卷；种子鲜红色，扁圆形，直径约 6 mm，坚硬，光亮。花期 5~6 月，果熟期 7~8 月。

分布：中国华南、东南至西南部；中南半岛及东南亚也有分布。多生于山沟、溪边、林中。

生长习性：喜温暖湿润气候、喜光，稍耐阴，对土壤条件要求较严格，喜土层深厚、肥沃、排水良好砂壤土。

栽培繁殖：可采用播种、扦插等方法进行繁殖。即采即播发芽率高。春、夏、秋三季是生长旺季，肥水管理间隔周期为 1~4 天，在冬季休眠期，做好控肥控水。

病虫害：主要病虫害有炭疽病、立枯病、孢锈菌、茶黄蓟马、大蟋蟀、吹绵蚧、龙眼蚁舟蛾、黑蚱、金龟子类、蝶蛾类、叶甲类等。

观赏特性及园林用途：树形伟岸，枝叶婆娑。适用于公园、风景区、森林公园，可作独赏树种、遮阴树种、风景林丛树种，宜于门庭、堂前、草坪、山麓、谷地、湖畔、溪边、河流或园道拐弯处种植，为热带、南亚热带地区优良的园林观赏树木。种子鲜红光泽美观，可作装饰物或纪念品。唐代王维诗曰："红豆生南国，春来发几枝。愿君多采撷，此物最相思。"其指的红豆疑是本种。

（摄影人：黄颂谊、丰盈）

● 阔荚合欢

Albizia lebbeck **(L.) Benth.**

含羞草科　合欢属

形态：落叶乔木，高 8~12 m。树皮粗糙，嫩枝密被短柔毛，老枝无毛。二回羽状复叶，叶柄近基部具一腺体；羽片 2~4 对，每羽片上具小叶 4~8 对，小叶呈不对称椭圆形，长 3~5 cm，宽约 1.7 cm，叶背苍白色，中脉偏于上侧。头状花序 1 至数个聚生于叶腋；花芳香；花冠黄绿色。荚果带状，扁带形。花期 5~9 月，果期 10 月至翌年 5 月。

分布：原产亚洲热带及非洲地区，生于海拔高达 2 100 m 的潮湿处岩石缝中。广植于热带地区，中国南方广泛栽培。

生长习性：喜温暖湿润气候，喜光，喜肥沃、排水良好的土壤。生长迅速，抗风，抗空气污染。

栽培繁殖：用种子繁殖为主，采种时要选择籽粒饱满、无病虫害的荚果，将其脱粒，干藏于干燥通风处。

病虫害：主要病害有锈病。

观赏特性及园林用途：生长迅速，树形潇洒，枝叶茂密，满树绒花，别有风韵，适合用于城乡绿化，可作遮阴树种、林丛树种，为良好的庭园观赏植物及行道树。可用于营造护坡固土林。

（摄影人：何志勇）

● 南洋楹

别名：仁仁树、仁人木

***Falcataria moluccana* (Miq.) Barneby et Grimes**

含羞草科　南洋楹属

形态：常绿大乔木，高 20~35 m。树干通直，胸径可达 1 m 以上，冠幅达 20 m。树皮灰褐色。叶二回偶数羽状复叶，羽片和小叶均对生，或下部羽片有时互生；每羽片有小叶 5~20 对，在总叶柄中部有扁椭圆形凸起腺体 1 枚，小叶菱状矩圆形，长 5~15 mm，宽 3~7 mm。穗状花序腋生，单生或数个组成圆锥花序；花有香气，初白色，后变黄。荚果带形，长 10~13 cm，宽 1.3~2.3 cm，熟时开裂。花期 4~7 月，果期 9~12 月。

分布：原产马六甲及印度尼西亚马鲁古群岛，广植于各热带地区。中国广东、广西、福建有栽培。

生长习性：喜高温多湿气候，不耐 0℃ 低温；阳性，不耐阴，也不耐干旱和积水，在疏松沃润、排水良好的砂壤土上生长特快。有根瘤菌可固氮。萌芽力强。

栽培繁殖：以播种繁殖为主，种子外皮具蜡质，播前应用沸水将其除去，冷却后播种。也可用木质化中段枝条扦插。

病虫害：主要病虫害有猝倒病、尺蠖幼虫和小金龟子。老树易受桑寄生科植物侵害致其枯死。

观赏特性及园林用途：树干高耸，树冠绿荫如伞，蔚然壮观，是优良的速生树种，多植为庭园树和行道树，可孤植、列植。

（摄影人：陈峥）

● 雨树

***Samanea saman* (Jacq.) Merr.**

含羞草科　雨树属

生长习性：喜温暖、潮湿，耐高温，怕霜冻。小叶在下雨之前有合拢的特性，故名"雨树"。

栽培繁殖：播种繁殖。

观赏特性及园林用途：生长迅速，树冠宽广，枝叶繁茂，花朵嫣红，老树枝干苍劲，为优良的花、叶、形态观赏树种。可孤植、列植或丛植，在无霜地区可作为很好的园庭绿化树种和行道树。

（摄影人：李鹏初）

形态：大乔木，高达 30 m。树冠极广阔，分枝甚低；幼嫩部分被黄色短绒毛。2 回羽状复叶，羽片 3~5(~6) 对；羽片及叶片间常有腺体；小叶 3~8 对，由上往下逐渐变小，斜长圆形，长 2~4 cm，宽 1~1.8 cm，上面光亮，下面被短柔毛。花似合欢，玫瑰红色，组成单生或簇生的头状花序，直径 5~6 cm，生于叶腋。荚果长圆形，直或稍弯，不开裂。花期 8~9 月，果期 12 月。

分布：原产于美洲热带，全世界热带地区有栽培。中国广东、海南、台湾和云南等地有引种。

● 红花紫荆

别名：红花羊蹄甲、紫荆、兰花树、洋樱花

***Bauhinia blakeana* Dunn**

苏木科　羊蹄甲属

　　形态：常绿或半落叶乔木，高达 12 m。分枝多，小枝细长，被毛。叶近圆形或阔心形，基部心形，有时近截平，先端 2 裂约为叶全长的 1/4~1/3，裂片顶钝；基出脉 11~13 条。总状花序顶生或腋生，有时复合成圆锥花序；花大，美丽；花蕾纺锤形，花萼佛焰状，有淡红色和绿色条纹；花瓣红紫色，倒披针形，近轴的 1 片中间至基部呈深紫红色；能育雄蕊 5 枚，其中 3 枚较长；退化雄蕊 2~5 枚。通常不结果。花期 10 月至翌年 5 月。

　　分布：中国华南地区广泛栽培。羊蹄甲（*B.purpurea*）和洋紫荆（*B.variegata*）的杂交种。

　　生长习性：喜光、喜温暖至暖热、湿润气候，不耐低温。对土壤要求不严，耐干旱，耐瘠薄，开花繁密。萌芽力强，耐修剪，移植成活率高；生长速度快。抗氟化氢强，较抗机动车尾气污染。

　　栽培繁殖：扦插繁殖为主，嫁接繁殖为次。以羊蹄甲作砧木高位嫁接，则较能抗风。移植宜在早春 2~3 月进行。小苗需多带宿土，大苗要带土球。

　　病虫害：主要病害有角斑病、煤烟病。

　　观赏特性及园林用途：花大如掌，略带芳香，红色或粉红色，花期长达半年以上，盛开时繁英满树，特适于作行道树及景观树，为广州主要的庭园树之一，已广泛应用于城市各类绿地，常作遮阴树种、行道树种、风景林丛树种。可于桥头、河旁、湖畔、溪边等地孤植、丛植，于山坡群植、林植，则满坡殷红似染。

（摄影人：李鹏初、黄颂谊）

● 羊蹄甲

别名：玲甲花

Bauhinia purpurea **L.**

苏木科　羊蹄甲属

形态：常绿小乔木，高 5~10 m。形态特征和红花羊蹄甲近似，其主要区别是叶裂片为叶片长的 1/3~1/2，先端钝或略尖，基出脉 9~11 条；花瓣淡红色，能育雄蕊 3 枚，稀 4 枚；能结实，荚果直刀状，扁平。花期 2~3 月及 9~12 月，果期 9 月及翌年 3 月。

分布：中国南部；中南半岛、印度、斯里兰卡也有分布。自然生长于疏林或溪边。华南地区广泛栽培。

生长习性：与红花羊蹄甲基本相同。

栽培繁殖：播种繁殖为主。夏、秋间种子成熟后可随采随播，也可将种子干藏至翌年春播。当幼苗出齐后及时移上营养袋，或按一定株行距植于肥沃的圃地。移植宜在早春 2~3 月进行。

观赏特性及园林用途：树冠优美，枝桠低垂，叶形如牛羊蹄印的形状，花大美丽，极易引蝶类、鸟类。广泛用于城市绿化，常作遮阴树种、风景林丛树种，宜于湖畔、河边、溪边种植，配置庭荫树、树丛、树群，宜列植为园道树；可作有毒有害工矿区绿化配植。可用于红花羊蹄甲嫁接的砧木。

（摄影人：黄颂谊、陈峥、周金玉）

● 宫粉紫荆

别名：洋紫荆、弯叶树

***Bauhinia variegata* L.**

苏木科　羊蹄甲属

形态：落叶乔木，高 7~15 m。树皮暗褐色，近光滑，皮孔明显；枝广展，硬而稍呈"之"字曲折，无毛。叶近广卵形至近圆形，宽度常超过于长度，基部浅至深心形，有时近截形，先端 2 裂，裂片阔，钝头或圆；基出脉 (9~)13 条。伞房花序侧生或顶生，呈总状；花大，略芳香；花蕾纺锤形；花萼佛焰苞状；花瓣倒卵形或倒披针形，长 4~5 cm，紫红色或淡红色，杂以黄绿色及暗紫色的斑纹；能育雄蕊 5，退化雄蕊 1~5。荚果带状，扁平。花期 3~4 月，果

熟期 6 月。

分布：中国南部；印度、中南半岛也有分布。生长于热带、亚热带山地疏林中。

生长习性：喜光，不甚耐寒，喜肥厚、湿润的土壤，忌水涝。萌蘖力强，耐修剪。性喜温暖湿润、多雨的气候、阳光充足的环境，喜土层深厚、肥沃、排水良好的偏酸性砂质壤土。华南地区广泛栽培。

栽培繁殖：以种子繁殖为主，播种时间 3 月下旬至 4 月下旬或 9 月下旬至 10 月下旬。

病虫害：主要病虫害有角斑病、枯萎病、叶枯病、大蓑蛾、褐边绿刺蛾及蚜虫等。

观赏特性及园林用途：树姿婀娜，枝叶扶疏，先花后叶。花感强烈，色彩淡雅，似晴雪飞香，浪漫怡情，连片种植在盛花期的视觉效果可与樱花媲美，易招引蝶类、鸟类，极富诗情画意，为红色系花春末夏初观花类树种。适用于城市各类绿地，粉绿相映，景色异常清丽，令人陶醉；亦可用于公路两侧，配置风景林带。

（摄影人：李鹏初、黄颂谊、黄安江）

● 白花洋紫荆

Bauhinia variegata L. var. *candida* (Roxb.) Voigt

苏木科　羊蹄甲属

形态： 落叶乔木，叶与花形态特征与原变种洋紫荆近似，但其花瓣白色，无退化雄蕊。

分布： 中国云南、广西和广东；印度、斯里兰卡、马来半岛、越南、菲律宾也有分布。自然生长于山地疏林中。

生长习性： 喜温暖湿润气候，喜阳，在排水良好的酸性砂壤土生长良好。不甚耐寒，忌水涝。萌蘖力强，耐修剪。

栽培繁殖： 以扦插、压条法繁殖为主，另外可用播种、分株法繁殖。

病虫害： 主要病害有角斑病和煤烟病。

观赏特性及园林用途： 花纯白而略有香味，花期长，生长快，为良好的观赏及蜜源植物，易招引蝶类、鸟类。适用于城市各类绿地，常与宫粉紫荆混种营造景观效果，亦可用于公路两侧，配置风景林带。

（摄影人：黄颂谊、周金玉）

● 腊肠树

别名：牛角树、波斯皂荚、金链花、黄金雨、长果子树

Cassia fistula **L.**

苏木科　决明属

形态：落叶乔木，高 10~15 m。叶互生，一回偶数羽状复叶，长 30~40 cm，有小叶 3~4 对，小叶对生，薄革质，阔卵形、卵形或长圆形，长 8~13 cm，宽 3.5~7 cm，顶端短渐尖而钝，基部楔形，边全缘。总状花序长达 30 cm 或更长，疏散，下垂；花与叶同时开放，直径约 4 cm；花瓣 5，黄色，倒卵形，具明显的脉；雄蕊 10 枚，花丝长短不一，其中 3 枚高出花冠。荚果圆柱形，长 30~60 cm，近似腊肠。花期 6~8 月，果期 10 月。

分布：原产南亚南部，从巴基斯坦南部往东至印度及缅甸，往南至斯里兰卡。中国大陆南部至西南部各地有栽培。华南地区广泛栽培。

生长习性：喜温暖至高温气候，阳性，不耐阴，不耐寒，略耐旱瘠，以砂质壤土最佳，抗风，亦抗空气污染。

栽培繁殖：用种子繁殖。种子成熟时，采回捣烂果皮取出种子，播前用开水浸 3~5 分钟。繁殖还可用扦插法，春、秋季为适期。

病虫害：主要病害有斑叶病、灰霉病。

观赏特性及园林用途：盛花时，满树长串状金黄色花朵，极为美丽；果实似腊肠，形态奇特。适合作庭园观赏树种及行道树和遮阴树。

（摄影人：黄颂谊）

● 粉花山扁豆

别名：节果决明、塔槐

***Cassia nodosa* Buch.-Ham. ex Roxb.**

苏木科　决明属

形态：半落叶乔木，树冠向四周伸展。一回偶数羽状复叶，长 15~25 cm，初期总叶柄两侧各具一肾形托叶，后脱落；小叶对生或近对生，6~14 对，近革质，长椭圆形，全缘脉，长 2.5~5.3 cm。伞房状总状花序，腋生；花瓣粉红色，长卵形，具短柄；雄蕊 10 枚，3 枚较长，7 枚较短。果荚圆筒状。种子成圆饼状，光滑坚硬，种瓢具腥臭味。花期 5~9 月，果期翌年 3 月中旬至 4 月上旬。

分布：原产夏威夷群岛；中国云南西双版纳及广东、广西南部有栽培。

生长习性：属热带树种，能耐高温酷暑，不耐寒冷霜冻，对土壤肥力要求不严，属喜光植物。喜土层深厚肥沃、排水良好的酸性土，在贫瘠的荒山生长不良，能耐轻霜及短期 0℃ 低温。

栽培繁殖：多用播种繁殖。种子 10 月份成熟，需剥去种瓢以防虫蛀。播种前，需用沸水浸种，冷却后继续浸泡一昼夜，方可发芽整齐。移植需带土球，最好采用袋装苗。萌芽力强，苗期主干成匍匐状生长，侧枝萌发快，在管理上注意修剪侧枝，5~6 年即开花结实。

病虫害：主要病害有立枯病。

观赏特性及园林用途：主干通直，枝条多向四周自然伸展，树冠圆整广阔，遮阴效果好。伞形的花序从夏至秋，次第开放。花红色艳丽，花形奇特，果实状如腊肠，令人惊叹，是南方观赏价值很高的观花乔木。可培育为优美的行道树种，也可丛植、孤植于庭园、公园、水滨等处，花开时花朵浓密，大片种植极具观赏性。

（摄影人：李鹏初、丰盈）

● 铁刀木

别名：黑心树、泰国山扁豆、孟买黑檀、孟买蔷薇木

***Cassia siamea* Lam.**

苏木科　决明属

形态：常绿乔木，高 10~20 m。嫩枝有棱条，疏被短柔毛。偶数羽状复叶，叶长 20~30 cm；小叶对生，6~10 对，革质，长圆形或长圆状椭圆形，长 3~6.5 cm，宽 1.5~2.5 cm。总状花序生于枝条顶端的叶腋，并排成伞房花序状；花瓣黄色，阔倒卵形；雄蕊发育 7 枚，退化 3 枚。荚果扁平，长 15~30 cm，宽 1~1.5 cm，被柔毛，熟时带紫褐色。花期 10~11 月，果期 12 月至翌年 1 月。

分布：中国云南；印度、缅甸、泰国也有分布。中国南方各地均有栽培。

生长习性：耐热、耐旱、耐湿、耐瘠、耐碱，抗污染，易移植。喜光，不耐阴，不耐寒，忌积水，抗风。生长快，萌芽力强，耐修剪。

栽培繁殖：种子繁殖，3~4 月为适宜采种期。

病虫害：在苗期会受蚂蚁危害及幼苗受蟋蟀咬伤。幼林期出现毛虫啃食叶片，天牛幼虫蛀食树皮或边材。

观赏特性及园林用途：树形美观，枝叶茂盛，黄花艳丽，开花时间长，是优良的观赏乔木，可用作庭园树种、行道树及防护林树种，依地形可孤植、列植、群植。

（摄影人：黄颂谊）

● 黄槐

别名：粉叶决明、黄伫槐、美国槐

Cassia surattensis **Burm. f.**

苏木科　决明属

形态：落叶小乔木，5~7 m。一回偶数羽状复叶，小叶 7~9 对，在最下 1~3 对小叶间的叶轴和叶柄上各具棒状腺体 1 枚；小叶矩圆形或卵形。总状花序排成伞房状于枝条顶部腋生；花瓣 5 片，黄色，花冠直径 2.5~4.0 cm；雄蕊 10 枚。荚果带状，薄而扁平。花果期几全年，5~6 月及 9~11 月为盛花期。

分布：原产南亚、东南亚至大洋洲。热带亚热带地区广为栽培。

生长习性：喜光、喜高温、高湿环境，不耐寒，2℃~5℃易受冻害，在华南北部正常年份可越冬。对土壤要求不严，以砂壤土为最佳。浅根性，抗风力弱；萌生力强。

栽培繁殖：以播种为主，也可扦插繁殖。种皮透水性差，播种前，用 85℃~90℃的热水浸种 24 小时。

移栽须带土移植。也可盆栽。

病虫害：主要病害有猝倒病（立杆病）、茎腐病。

观赏特性及园林用途：花美丽色艳，几乎全年可开花，花期长，花色金黄灿烂，富热带特色，为优良的木本花卉，适植于庭园、绿地、池畔或庭前绿化，适合作庭院绿化树和行道树。

（摄影人：周金玉、丰盈）

● 凤凰木

别名：红花楹、凤凰树、火树、影树

***Delonix regia* (Boj.) Raf.**

苏木科　凤凰木属

　　形态：落叶乔木，高达 20 m。二回偶数羽状复叶，羽片和小叶均对生，小叶 10~30 对；叶轴有纵槽，在羽片对生处有腺体；小叶矩圆形，长 8~12 mm，宽 3~5 mm，先端圆，基部上侧偏斜；托叶 2 枚，羽状分裂，早落。总状花序排成伞房状顶生和腋生；花瓣 5，红色，扇形，内有黄色、白色斑及紫红色条纹，花冠直径 7~10 cm；雄蕊 10 枚，红色。荚果带状，坚硬而扁平，长 30~60 cm；种子长圆形，压扁。花期 5~6 月，果熟期 10~12 月。

　　分布：原产非洲马达加斯加岛。世界热带地区及中国华南地区常见栽培。

　　生长习性：喜高温多湿和阳光充足环境，生长适温 20℃~30℃，不耐寒，喜深厚肥沃、富含有机质、排水良好的砂质壤土。耐干旱，抗风能力强，抗空气污染。萌发力强，生长迅速，种植 6~8 年开始开花。

　　栽培繁殖：主要用播种法繁殖。12 月种子成熟，采集荚果取出种子干藏，翌年春季播种，播种后 6~7 天开始发芽，一年生苗可达 1.5 m 左右。应选土壤肥沃、深厚、排水良好且向阳处栽植。移栽以春季发芽前成活率高，也可雨季栽植，但要剪去部分枝叶，保其成活。植株萌芽力强，可以取截干法培养大苗，定植后每年松土，春、秋季各追肥一次。及时除去根部萌蘖条，以保证树体生长良好。

　　病虫害：常见虫害有夜蛾。

　　观赏特性及园林用途：树形高大，树冠宽广，花期以鲜红色或橙色的花朵配合鲜绿色的羽状复叶，因"叶如飞凰之羽，花若丹凤之冠"，得名凤凰木，是著名的热带观赏树种，被誉为世上最色彩鲜艳的树木之一，适合作园林风景树、绿荫树和行道树，可孤植、列植、丛植。

（摄影人：李鹏初）

● 短萼仪花

别名：单刀根、麻扎木

***Lysidice brevicalyx* Wei**

苏木科　仪花属

　　形态：常绿乔木，高 10~20 m。冠椭圆状伞形，一回羽状复叶，小叶 3~5 对，近革质，长圆形、倒卵状长圆形或卵状披针形；侧脉近平行，两面明显。圆锥花序长 20~40 cm，总轴、苞片、小苞片均被短疏柔毛；苞片、小苞片粉白色；萼管较短，长 5~9 mm，裂片长圆形，暗紫红色；花瓣紫红色，阔倒卵形，先端近截平而微凹；雄蕊不等长；能育雄蕊 2 枚，花药长约 4 mm；退化雄蕊通常 4 枚，钻状。荚果倒卵状长圆形，长 12~20 cm。花期 6~8 月，果期 9~11 月。

　　分布：中国广东、广西和云南；越南也有分布。

　　生长习性：喜光及温暖湿润气候；耐瘠薄、干热。极端最低气温需 0℃以上；幼树稍耐阴，在较阴的地方生长快，干形直；成年树对土壤酸碱度要求不严；10 年生左右开花结实。

　　栽培繁殖：宜在冬春落叶后，春季萌芽前移植。

　　观赏特性及园林用途：树冠开展，树姿优美，枝繁叶茂；花色艳丽，适用于庭园、公园、风景区、森林公园，可作遮阴树、园道树、风景林丛树，适合在河畔、湖旁、溪边种植，作混交林中层结构或林缘树种。

（摄影人：黄颂谊、丰盈）

● 盾柱木

别名：双翼豆、翅果木、闭笑木、黄燄木

***Peltophorum pterocarpum* (DC.) Backer ex K.Heyne**

苏木科　盾柱木属

　　形态：常绿乔木，高 10~15 m。幼嫩部分和花序被锈色毛。二回羽状复叶，长 30~42 cm；小叶10~21 对，排列紧密，革质，长圆状倒卵形，先端圆钝，具凸尖，基部两侧不对称，全缘，上面深绿色，下面浅绿色。圆锥花序顶生或腋生，密被锈色短柔毛；花瓣黄色，倒卵形，两面中部密被锈色长柔毛；雄蕊 10 枚，基部被硬毛，基部箭形。荚果扁平，具翅，纺锤形两端尖，中央具条纹，具翅。花期 5~8 月，果期 8~11 月。

　　分布：原产越南、斯里兰卡、马来西亚、印度尼西亚至大洋洲北部地区；中国广东、海南和香港有栽培。

　　栽培繁殖：播种繁殖。宜即采即播或春播。

　　观赏特性及园林用途：树形挺拔，枝叶浓密，花淡黄色；易招引蜂、蝶、鸟类，为黄色系花，夏、秋季观花类树种和冬季观果类树种。可作遮阴树种、行道树种、风景林丛树种；可营造海岸防风林，作混交林树种。

（摄影人：李鹏初、丰盈）

● 中国无忧花

别名：火焰花

***Saraca dives* Pierre**

苏木科　无忧花属

　　形态：常绿乔木，高达 20 m。一回偶数羽状复叶，具小叶 5~6 对，基部 1 对常较小，嫩叶略带紫红色，下垂；叶片近革质，长椭圆形、卵状披针形或长倒卵形。伞房状圆锥花序于枝顶部腋生；无花瓣，苞片和萼片橙黄色或橙红色，雄蕊 8~10 枚。荚果棕褐色，扁平，长 20~30 cm，宽 4~7 cm。种子 5~9 颗，形状不一，扁平，两面中央有一浅凹槽。花期 4~5 月，果期 7~10 月。

　　分布：中国云南东南部至广西西南部至东南部；越南、老挝也有分布。生于海拔 200~1 000 m 的密林或疏林中。华南地区广为栽培。

　　生长习性：喜光，稍耐阴，喜高温、湿润气候，不耐寒，喜生于富含有机质之肥沃、排水良好的土壤。抵御大气污染能力弱。

　　栽培繁殖：繁殖用扦插法、播种法或高压法，均宜在春季进行。

　　观赏特性及园林用途：属佛教文化树种之一。树姿优雅，嫩叶紫色，聚合成串，柔软下垂，微风摇曳，婀娜可爱，加之花色橙黄，色彩明亮，令人逍遥无忧，因而得名；花序特大，着花显著，盛花期腋生花满枝头，似烈火融融，故得名"火焰花"；易招引蝶类、鸟类，为新叶有色类、黄色系花夏季观花类树种。适用于公园、风景区、森林公园、自然保护区开放地段，可作遮阴树种、风景林丛树种。孤植、丛植、群植、林植均可；若以常绿针叶、阔叶高大乔木为背景树，前植低矮金黄色系观叶灌木，则四季植物景观艳丽明亮，令人心情爽朗。可作大气污染检测指示树种。

（摄影人：李鹏初、黄颂谊）

● 东京油楠

indora tonkinensis A. Cheval. ex K. Larser
t S. S. Larser

苏木科　油楠属

形态：常绿乔木，高可达 15 m。偶数羽状复叶，具小叶 4~5 对；小叶革质，无毛，椭圆状披针形、卵形或长卵形，两侧不对称，全缘。花梗、苞片、花萼、花瓣、雄蕊和子房均密被黄色柔毛。圆锥花序生于小枝顶端的叶腋；花瓣肥厚，长约 8 mm；雄蕊花丝丝状。荚果近圆形或椭圆形，长 7~10 cm，顶端鸟喙状，外面光滑无刺。种子 2~5 颗，黑色，扁圆形。花期 5~6 月，果期 8~9 月。

分布：原产中南半岛、印度、斯里兰卡。中国华南地区有栽培。

生长习性：适应性强。喜光，喜高温，多湿的气候，耐旱，不耐寒。对土质要求不严，但以土层深厚且排水好的土壤为佳。抗风能力强。

栽培繁殖：播种繁殖。宜春季进行。

观赏特性及园林用途：树形优美，嫩叶翠绿，树荫浓郁，具光影效果，颇有开发应用前景，适合于城乡绿化，可作遮阴树种、次干道行道树种、林丛树种。

（摄影人：黄颂谊）

● 降香黄檀

别名：海南黄花梨、黄花梨、降香、降花黄檀、降香檀、香红木

***Dalbergia odorifera* T. Chen**

蝶形花科　黄檀属

形态：落叶或半落叶乔木，高 10~20 m。小枝柔软，具凸起小皮孔。一回奇数羽状复叶，长 15~26 cm；小叶 7~13 片，互生，纸质，卵形或椭圆形。圆锥花序腋生，花淡黄色或乳白色；雄蕊 9 枚，单体。荚果舌状长椭圆形，扁平，不开裂，长 4~8 cm，宽 1.5~1.8 cm，果瓣革质，有种子部分明显隆起。花期 4~6 月，果期 10~12 月。

分布：中国海南岛，生于中海拔山坡疏林中、林缘或四旁旷地上；广东有栽培。国家Ⅱ级重点保护植物。

生长习性：阳性，幼年略耐阴；耐旱热和瘠薄，忌水涝，抗风；萌芽力强，自然生长较慢。分布区常年气温较高，极端最低温 6℃，雨量分配极不均匀，在过分荫蔽的密林中，幼树生势衰弱；在郁闭度较小的林分中能长成直干大树。干旱时叶全落，初雨至时，花叶同时抽出。

栽培繁殖：播种繁殖，当荚果变为黄褐色时即可采摘、晒干、揉碎果皮、取出种子。播前用清水浸泡 24 小时，均匀撒播苗床上，半月内开始发芽。当长出真叶时即可移入营养袋或分床移植。用一年生苗出圃

造林，或用营养袋苗造林。造林地宜选山地阳坡或半阳坡。要注意从小整枝，突出主杆，培养端庄树形。

病虫害：主要病虫害有黑痣病、炭疽病、瘤胸天牛、伪尺蠖等。

观赏特性及园林用途：树形优美，枝条潇洒，黄色或乳白色花清香，小而密，荚果久挂枝头。适用于城市各类绿地，可作庭院树、遮阴树。可于庭园中孤植、丛植。

（摄影人：黄颂谊、丰盈）

● 鸡冠刺桐

别名： 鸡冠豆、巴西刺桐、象牙红

***Erythrina crista-galli* L.**

蝶形花科　刺桐属

形态： 落叶小乔木，高 4~6 m。茎和叶柄稍具皮刺。树干略弯斜，树皮初时灰色，后变为褐色，粗糙，呈片状纵裂；嫩枝绿色，光滑，疏生线状皮孔。树冠扁球形。三出复叶；小叶近革质，卵形至长圆形，先端短渐尖，基部宽楔形或近圆形，全缘。花 1~3 朵腋生和顶生，在枝上部排成总状花序；花梗长约 3 cm，紫色；花瓣橙红色至砖红色，极不相等，旗瓣大，近琵琶形，宽约 3.5 cm，翼瓣极小，披针形，龙骨瓣合生，弯拱。荚果 1~3，肿胀成近圆柱形，弯曲，长 20~28 cm；种子长圆形，褐色，光亮。花期 3~5 月及 9~10 月，果熟期 6~12 月。

分布： 原产南美巴西、秘鲁。中国华南地区有栽培。

生长习性： 喜光，也耐轻度荫蔽，喜高温，具有较强的耐寒能力。适应性强，生性强健，耐旱且耐贫瘠，能抗盐碱，不耐水浸。对土壤要求不严，排水良好的肥沃壤土或砂质壤土生长最佳。

栽培繁殖： 可播种繁殖和扦插繁殖。在春季定植，定植前应先下足基肥，以有机肥为主。定植后及时补充水分。定植成活后，每季施一次有机肥料，每个月浇一次 500 倍液尿素水肥，以促进枝叶生长。树干自然分枝低，在园林中可通过定杆抹芽，培植

主干作乔木。

病虫害： 主要病虫害有烂皮病、鸡冠刺桐叶斑病、刺桐姬小蜂。

观赏特性及园林用途： 树形优美，树干苍劲古朴，花繁且艳丽，花形独特，花期长，具有较高的观赏价值，是公园、广场、庭院、道路绿化的优良树种。

（摄影人：黄颂谊）

● 刺桐

别名： 山芙蓉、空桐树、木本象牙红

***Erythrina variegata* L.**

蝶形花科　刺桐属

形态： 落叶乔木，高 6~20 m。树皮灰褐色，枝有明显叶痕和短圆锥形黑色直刺。三出复叶，顶部小叶较大，下部的 1 对小叶较小；小叶片厚纸质，菱状扁圆形，全缘，基脉 3 条，侧脉 5 对；小叶柄有 1 对腺体状小托叶。总状花序腋生，总花梗长 7~10 cm；花冠鲜红色，旗瓣长 5~6 cm，微摺而略弯，呈象牙状，翼瓣和龙骨瓣较小；雄蕊 10 枚，单体。荚果肿厚，微弯。花期 2~4 月，先叶或与叶同时开放，果期 8~9 月。

分布： 原产印度至大洋洲。中国华南地区有栽培。

生长习性： 适应性强，耐热，耐旱瘠和耐碱，抗风，抗大气污染；生长迅速，萌芽力强。

栽培繁殖： 扦插繁殖易成活；也可用播种和高压法。于春、秋季剪取枝条，进行温床砂插遮阳，注意浇水保湿。温室盆栽需用大盆、春、夏季要求水分充足，通风透光。过分炎热应放置半阴处培育。冬季要控制浇水，盆土湿润即可。老龄植株，要适当截干，重发枝叶后，调整树形。

病虫害： 常见病虫害有叶斑病、褐斑病、炭疽病、烂皮病、刺桐姬小蜂、台湾雅氏小叶蝉、小蠹。

观赏特性及园林用途： 枝叶茂盛，先花后叶，花鲜红艳丽，适合孤植或丛植于草地或建筑物旁，可供公园、绿地及风景区美化，是优良的观花景观树种。

（摄影人：黄颂谊、陈峥）

● 海南红豆

别名: 大荷红豆、羽叶红豆、鸭公青、食虫树、万年青

***Ormosia pinnata* (Lour.) Merr.**

蝶形花科　红豆属

形态: 常绿乔木,高 8~22 m。幼枝被淡褐色短柔毛,渐变无毛。一回奇数羽状复叶,长 16~22.5 cm;小叶 3(~4) 对,薄革质,披针形,长 12~15 cm,两面均无毛;嫩叶淡紫红色。圆锥花序顶生,长 20~30 cm;花冠粉红色而带黄白色,各瓣均具柄,旗瓣瓣片基部有角质耳状体 2 枚,翼瓣倒卵圆形,龙骨瓣基部耳形。荚果长 3~7 cm,有种子 1~4 粒,成熟时橙红色。种子椭圆形,种皮红色。花期 7~8 月,果熟期 11~12 月。

分布: 中国广东、海南、广西;越南、泰国也有分布。生于中海拔及低海拔的山谷、山坡、路旁森林中。

生长习性: 喜温暖湿润、光照充足的环境。抗逆性很强,适生温度范围广,即使遇到 -2℃ 的低温,叶色依然浓绿,不见冻害;深根性,有极强抗风性能;抗有害气体的能力强。在酸性褐色砖红壤土、干旱贫瘠石砾地或冲刷严重的山脊或荒坡上能正常生长。

栽培繁殖: 播种繁殖。种子不耐久藏,即采即播发芽率 85% 以上。园林宜用大苗带土球栽植,较易成活成景。

病虫害: 主要病虫害有根腐病、砂蛀蛾。

观赏特性及园林用途: 干直叶密,树冠圆满,嫩叶淡红,树姿优美,叶色亮绿,花色亮丽,果形奇特,为优良的乡土树种。适合用于庭园、公园、风景区、森林公园、自然保护区开放地段,可作独赏树、遮阴树、行道树,对植、列植、丛植、群植均可。叶片密生,含水量高,树冠空隙小,还可作防火林树种。

（摄影人：黄颂谊、周金玉）

● 水黄皮

状荚果饶有趣味，具观赏价值，适用于滨海地区城市各类绿地，沿海地区可作堤岸护林和行道树。

（摄影人：黄颂谊）

别名：水流豆、野豆

***Pongamia pinnata* (L.) Pierre**

蝶形花科　水黄皮属

形态：常绿乔木，高 8~15 m。老枝密生灰白色小皮孔。羽状复叶长 20~25 cm；小叶 2~3 对，近革质，卵形，阔椭圆形至长椭圆形；总状花序腋生，长 15~20 cm，通常 2 朵花簇生于花序总轴的节上；花冠粉红色或白色，各瓣均具柄；旗瓣背面被丝毛，龙骨瓣略弯曲。荚果长 4~5 cm，表面具不明显的小疣状凸起，顶端有短喙，不开裂，有种子 1 粒。花期 5~6 月，果期 8~10 月。

分布：中国福建、广东、海南；印度、斯里兰卡、马来西亚、澳大利亚、波利尼西亚也有分布。生于溪边、塘边及海边潮汐能到达的地方。

生长习性：喜高温、湿润和阳光充足或半阴环境，全、半日照均理想；栽培土质不拘，以富含有机质的砂质壤土最佳。生性强健，萌芽力强，耐盐性、抗强风、耐旱性、耐寒性、耐阴性均佳，能抗空气污染。

栽培繁殖：以播种和扦插繁殖为主。播种前要对种子进行消毒，播种于已消毒的基质中，种子上覆盖基质为种粒厚度的 2~3 倍。当大部分的幼苗长出了 3 片叶或更大一些即可移栽。

观赏特性及园林用途：树形美观，花色亮丽，刀

● 印度紫檀

别名：花榈木、羽叶檀、青龙木、黄柏木、赤血树、蔷薇木

Pterocarpus indicus **Willd.**

蝶形花科　紫檀属

形态：乔木，高达 25 m，胸径达 40 cm。一回奇数羽状复叶，长 15~30 cm；小叶 3~5 对，卵形，长 6~10 cm，宽 4~5 cm，两面无毛。圆锥花序顶生或腋生，多花，被褐色短柔毛；花冠黄色，花瓣有长柄，边缘皱波状。荚果圆形，扁平，偏斜，直径约 5 cm，种子处有网纹，周围具宽翅，翅宽可达 2 cm。花期 4~5 月，果熟期 8~10 月。

分布：中国云南南部；东南亚、印度等也有分布。华南地区、台湾、云南等地有栽培。

生长习性：喜暖热气候，耐高温，不耐寒，枝叶在 5℃~10℃持续低温易受冻害或至枯死；喜光，不耐荫蔽。对土壤要求不严，耐旱瘠，在滨海沙地也能生长，根系发达，有一定的抗风能力，但遇台风树枝易折断。生长迅速，萌生力强。

栽培繁殖：播种、扦插或高压进行繁殖，以扦插和高压法为主。用大枝扦插极易成活，但扦插苗植株的根系不及实生苗发达，易受风害和引起心腐病，故绿化宜以实生苗为佳。

病虫害：抗病性强，病虫害较少。

观赏特性及园林用途：树冠宽广，枝叶浓密，树形美观，黄花芳香，树性强健，成长快速，绿荫遮天，适用于城市各类绿地，可作庭阴种、行道树种、防护林树种、风景林丛树种，常作混交林上层结构树种，也可营造水土保持林。

（摄影人：陈峥、丰盈）

● 龙爪槐

别名：垂槐、盘槐

***Sophora japonica* L. f. *pendula* Hort.**

蝶形花科　槐属

形态：落叶乔木，高达 25 m。树皮灰褐色，具纵裂纹。枝条下垂，并向不同方向弯曲盘悬，形似龙爪。羽状复叶长达 25 cm；小叶 4~7 对，纸质，卵状披针形或卵状长圆形。圆锥花序顶生，常呈金字塔形，长可达 30 cm；花冠白色或淡黄色，旗瓣近圆形，有紫色脉纹，先端微缺，基部浅心形，翼瓣卵状长圆形，先端浑圆，基部斜截形，龙骨瓣阔卵状长圆形，与翼瓣等长。荚果串珠状，具肉质果皮。花期 7~8 月，果期 8~10 月。

分布：原产中国，现南北各地广泛栽培，华北地区和黄土高原地区尤为多见。日本、朝鲜也有分布，欧洲、美洲各国均有引种。

生长习性：喜光，稍耐阴。能适应干冷气候。喜生于土层深厚、湿润肥沃、排水良好的砂质壤土。深根性，根系发达，抗风力强，萌芽力亦强，寿命长，适应性强，对土壤要求不严，较耐瘠薄。对二氧化硫、氟化氢、氯气等有毒气体及烟尘有一定抗性。

栽培繁殖：常用扦插繁殖，10 月份落叶后，剪取生长壮实的新枝条，捆成捆于水中浸泡 30 小时吸足水分，强力生根剂用水以百倍浓度比稀释，再加黏土打成糊状，涂沾插条根部扦插。

病虫害：常见的病害有烂皮病。

观赏特性及园林用途：花芳香，老枝盘曲，似游龙戏水，小枝细小下垂，树冠如伞。落叶后，树枝曲折似龙爪，为庭园中的特色树种。多对称栽植于庙宇、所堂等建筑物两侧，以点缀庭园。宜孤植、对植、列植。常作为门庭及道旁树；或作庭荫树；或置于草坪中作观赏树。

（摄影人：李鹏初、黄颂谊）

● 枫香

别名：湾香胶树、枫子树、香枫、白胶香、鸡爪枫、大叶枫

Liquidambar formosana Hance

金缕梅科　枫香树属

形态：落叶乔木，高 15~40 m。树皮灰褐色，方块状剥落；小枝干后灰色，被柔毛，树液有芳香。叶薄革质，阔卵形，掌状 3~7 裂，裂片边缘有锯齿。花单性，雌雄同株，无花瓣；雄性短穗状花序，常多个排成总状；雌性呈头状花序，单生，有花 24~43 朵，花序柄长 3~6 cm。蒴果木质，成熟时顶端开裂，聚成球形的头状果序，果序直径 4~6 cm，有宿存萼齿和花柱。花期 4~6 月，果期 11~12 月。

分布：中国秦岭淮河以南各地，北起河南、山东，东至台湾，西至四川、云南及西藏，南至广东；越南北部、老挝及朝鲜南部也有分布。自然生长于海拔 500~800 m 的山麓山谷中。

生长习性：喜光，幼树稍耐阴，喜温暖湿润气候及深厚湿润土壤，也能耐干旱瘠薄，不耐水湿。萌蘖性强，可天然更新。深根性，主根粗长，抗风力强。幼年生长较慢，壮年后生长较快。对二氧化硫、氯气等有较强抗性。具有较强的耐火性和对有毒气体的抗性。

栽培繁殖：用播种和扦插繁殖。不耐修剪，须根少，大树移植成活困难。

病虫害：幼苗易发生根腐病。

观赏特性及园林用途：树干通直，树姿优雅，叶色有明显的季相变化，冬季落叶前变红色，为冬季赏叶的优良乡土树种。宜作园景树，孤植、丛植或风景区片植。给人以"停车坐爱枫林晚，霜叶红于二月花"或"漫山红遍，层林尽染"的意境。也是盆景好材料。

（摄影人：李鹏初、黄颂谊）

● 红花荷

别名：红苞木

***Rhodoleia championii* Hook. f.**

金缕梅科　红花荷属

　　形态：常绿乔木，高达 10 m。叶厚革质，卵形，光滑无毛，叶面呈深绿色而略带光泽，背面灰白色；叶柄带红色。头状花序，长 3~4 cm，具鳞状苞片 5~6 片；花瓣红色，匙形，长 2.5~4 cm，宽 6~8 cm；雄蕊与花瓣等长。头状果序有卵圆形蒴果，种子扁平，黄褐色。花期 3~4 月。

　　分布：中国广东、香港等地。自然生长于海拔 300~1 000 m 的低山或丘陵，且常成片或散生在山坡和沟边。

　　生长习性：中性偏阳树种，幼树耐阴，成年后较喜光。耐绝对低温 −4.5℃。适生于花岗岩、沙页岩产生的红黄壤与红壤（酸性至微酸性土）。有防火功能。

　　栽培繁殖：播种或扦插繁殖为主。种子宜即采即播，如收藏须低温保存，可以采用容器育苗，随采随播或翌春月播种。种子发芽率极低，只有 7% 左右。扦插繁殖时，插穗用清水浸 2 小时，再用 1 g/L 托布津液浸 3 分钟消毒。扦插后盖上 85% 遮阳网，扦插比较容易生根。

　　观赏特性及园林用途：树姿浑厚，叶片亮绿，花色殷红，花形似荷花，适用于公园、风景区、森林公园、自然保护区开放地段，可作独赏树、遮阴树、防护树种、风景林丛树种。因其干、枝、叶耐火力强，常用以营造山林防火隔离带；也可营造防风林。

（摄影人：黄颂谊）

● 垂柳

别名：水柳、垂丝柳、清明柳

***Salix babylonica* L.**

杨柳科　柳属

形态：落叶乔木，高 5~18 m。树皮灰黑色，不规则开裂；枝纤细，下垂。叶片狭披针形或线状披针形，长 8~16 cm，宽 0.5~1.5 cm，先端长渐尖，基部楔形，上面绿色，下面灰白色，叶缘具细锯齿。荑荑花序生于短枝顶端；花单性异株，无花被，有苞片 1 枚，于早春先叶或与叶同时开放；雄花序长 1.5~2 cm，雄蕊 2，花药红黄色，腺体 2 个；雌花序长达 2~3 cm。蒴果长 3~4 cm，带绿黄褐色，2 瓣裂。花期 3~4 月，果期 4~5 月。

分布：中国黄河流域及长江流域，从东北地区至海南有栽培；亚洲、欧洲、美洲各国均有引种。

生长习性：适于亚热带至温带气候，耐寒；阳性，不耐阴蔽，耐水湿，在干燥处也能生长，但以土层深厚湿润的水边生长良好。生长迅速，萌芽力强。对有毒气体有一定的抗性，并能吸收二氧化硫。

栽培繁殖：扦插繁殖、种子繁殖、截干嫁接繁殖；嫁接繁殖一般常采用芽接、劈接、插皮接和双舌接等方法。垂柳不易长直，扦插时应除去插条的侧芽。

病虫害：常见病虫害有腐烂病、溃疡病、花虫、蚜虫、柳毒蛾、天牛等。

观赏特性及园林用途：叶色翠绿，枝条柔软细长，自然悬垂可触及地表或水面，随风摇动景色迷人，是观赏价值很高的滨水临岸景观树种。适宜配植于河、湖等水体沿岸，尤其与桃花搭配种植在早春营造柳绿桃红的景色，是江南园林春景的特色配植方式之一。也可作庭荫树种植，还是固堤护岸的重要树种。

（摄影人：黄颂谊、丰盈）

● 旱柳

别名：柳树、河柳、江柳、立柳、直柳

Salix matsudana **Koidz.**

杨柳科　柳属

观赏特性及园林用途：树冠丰满，枝条柔软但不下垂，是常用的庭荫树、行道树，也常栽培于河湖岸边或孤植于草坪。亦可用于防护林及荒漠造林。

（摄影人：李鹏初）

　　形态：落叶乔木，高 20 m。树皮暗灰黑色；大枝斜生，树冠广圆形；枝细长，直立或斜展。叶片披针形，先端长渐尖，基部渐狭，上面绿色有光泽，下面苍白色，边缘有细腺锯齿。花序与叶同时开放；雄花序圆柱形，雄蕊 2，花药卵形，黄色；雌花序较雄花序短，具腹背 2 枚腺体，有 3~5 小叶生于短花序梗上。果序长达 2 cm。花期 4 月，果期 4~5 月。

　　分布：中国东北地区、华北平原、西北黄土高原，西至甘肃、青海，南至淮河流域以及浙江、江苏等地；朝鲜、日本、前苏联远东地区有分布。生于路边，河流沿岸或平地上，为平原地区常见树种。华南地区有栽培。

　　生长习性：喜光，耐寒，湿地、旱地皆能生长，以湿润而排水良好的土壤上生长最好；根系发达，抗风能力强，生长快，易繁殖。深根性，萌芽力强，寿命长。

　　栽培繁殖：插枝、干易成活，亦可播种繁殖，绿化宜用雄株。

　　病虫害：常见病虫害有锈病、透翅蛾、双尾天社蛾。

● 杨梅

别名：圣生梅、白蒂梅、树梅、龙睛、朱红
Myrica rubra (Lour.) Sieb. et Zucc.
杨梅科　杨梅属

形态：常绿乔木，高可达 15 m。树冠圆球形，小枝具不明显的皮孔，幼时仅被圆形而盾状着生的腺体。叶革质，常密集于小枝上端部，长椭圆状、楔状披针形、楔状倒卵形或长椭圆状倒卵形，无毛。花雌雄异株，雄花序圆柱状，单生或数条丛生于叶腋，暗红色；雌花序常单生于叶腋，每一雌花序仅上端能发育成果实。核果球状，外表面具乳头状凸起，外果皮肉质，多汁液及树脂，味酸甜，成熟时红色或紫红色。花期 4 月，6~7 月果实成熟。

分布：中国长江以南各地；日本、朝鲜及东南亚地区也有分布，生于海拔 125~1 500 m 的山坡或山谷林中。华南地区有栽培。

生长习性：喜阳气候，喜微酸性的山地土壤，其根系与放线菌共生形成根瘤，吸收利用天然氮素，耐旱耐瘠，省工省肥，是一种非常适合山地退耕还林，保持生态的理想树种。

栽培繁殖：可种子、分株、嫁接繁殖。种子繁殖选成熟果实，剥去果肉，阴干，用湿沙层积贮藏法，春播获实生苗；分株繁殖挖取老株蔸部二年生的分蘖栽种；嫁接选二年生的实生苗作砧木，清明前后皮接或切接，再培育 2 年按株行距 5 m×5 m 开穴种植。花雌雄异株，定植时应适当配植雄株，以利授粉。

病虫害：常见虫害有杨梅毛虫、蚜虫、天牛等。

观赏特性及园林用途：枝繁叶茂，四季常青，树冠圆整，初夏红果累累，是园林绿化结合生产的优良树种。孤植、丛植于草坪、庭院；可密植分隔或遮蔽空间；也可作为行道树。对恶劣环境抗逆性强，宜于有毒有害工矿区种植。

（摄影人：周金玉）

● 木麻黄

别名：马尾树、短枝木麻黄、驳骨树

Casuarina equisetifolia L.

木麻黄科　木麻黄属

形态：常绿乔木，高可达 30 m。大树根部无萌蘗；树冠狭长圆锥形；幼树皮赭红色，皮孔密集排列为条状或块状，老树皮粗糙，不规则纵裂；叶状枝常柔软下垂，具 7~8 条沟槽及棱，节脆易抽离。鳞片状叶每轮通常 7 枚，披针形或三角形，长 1~3 mm，紧贴。花雌雄同株或异株；雄花序棒状圆柱形；雌花序通常顶生于近枝顶的侧生短枝上。球果状果序椭圆形。花期 5~6 月，果期 7~10 月。

分布：原产大洋洲及邻近的太平洋地区；中国南部沿海地区广东、广西、浙江、福建、台湾、云南有栽培。

生长习性：喜光，喜炎热气候，喜钙镁，耐盐碱、贫瘠土壤。耐干旱也耐潮湿，不耐寒。根系具根瘤菌，是在瘦瘠沙土上能速生的主要原因。生长迅速，抗风力强，不怕沙埋，是中国南方滨海防风固林的优良树种。

栽培繁殖：种子繁殖为主，也可用半成熟枝扦插。造林时，最好接种根瘤菌，有助于抗高温、干旱、贫瘠条件，从而可提高成活率和促进幼苗生长。容器苗比裸根苗成活率高，生长迅速，在生产上广泛应用。

病虫害：主要病虫害有青枯病、丛枝病、木麻黄毒蛾、棉蝗、大麻黄枯叶蛾。

观赏特性及园林用途：树冠塔形，树干端直，姿态优雅，细枝如针叶，经截干和修剪后树枝如松树，别具特色。华南沿海地区造林最适树种，凡沙地和海滨地区均可栽植，其防风固沙作用良好；亦可作行道树，适宜营造防护林。

（摄影人：李鹏初、黄颂谊、周金玉）

● 朴树

别名：中国相思树、黄果朴、白麻子朴、朴榆、朴仔树

***Celtis sinensis* Pers.**

榆科　朴属

形态：落叶乔木，高 20 m。树冠扁球形，树皮灰色。叶片薄革质，叶面深绿，粗糙且有光泽，叶背淡绿，宽卵形至椭圆状卵形，先端短渐尖，基部歪斜，中部以上有粗钝锯齿，三出脉，网脉隆起。花杂性生当年枝的叶腋。核果单生或 2 个并生，近球形，橙红色。花期 3~4 月，果期 9~10 月。

分布：中国淮河流域、秦岭以南；朝鲜、日本也有分布。生于海拔 100~1 500 m 的平原及低山丘陵地区。

生长习性：弱阳性，喜温暖环境；耐轻盐碱土、耐干旱瘠薄、耐水湿，喜肥厚湿润疏松的土壤。适应性强，深根性，萌芽力强，耐修剪，抗风。抗烟尘及毒气。

栽培繁殖：播种繁殖为主，采种堆放后熟，阴干砂藏；育苗期要注意整形修剪，培养主干，大苗移植要带土；培养盆景要注意修剪整形，抑顶促侧，控制高生长；老桩养坯，可制成朴树桩景。

病虫害：常见虫害有金花虫、介壳虫、天牛、刺蛾和蓑蛾等。

观赏特性及园林用途：树冠圆满宽广，树荫浓郁，适合公园、庭园作庭荫树、行道树；可用于居住区、学校、厂矿、街头绿地、河网区防风固堤；可营造大气污染防护林、防风林；可盆栽，也可制成桩景。

（摄影人：李鹏初、周金玉）

● 榔榆

别名：榆树、小叶榆、秋榆、掉皮榆、豺皮榆
***Ulmus parvifolia* Jacq.**
榆科　榆属

形态：落叶半落叶乔木，高达 25 m。树冠广圆形，树干基部有时成板状根，树皮灰色，裂成不规则鳞状薄片剥落。叶片披针状卵形、窄椭圆形、稀卵形或倒卵形，长 2.5~5 cm，宽 1~2 cm，先端短尖，基部偏斜；叶秋季呈现红色或黄色，翌春开放新叶时方脱落。花 3~6 数在叶腋簇生或排成簇状聚伞花序，于秋季开放。翅果椭圆形或卵状椭圆形。花果期 8~10 月。

分布：几遍全中国；日本、朝鲜也有分布。生于平原、丘陵、山坡及谷地。

生长习性：喜光，耐干旱，在酸性、中性及碱性土上均能生长，但以气候温暖，土壤肥沃、排水良好的中性土壤为最适宜的生境。耐修剪整形，萌芽力强。移植较难，生长速度中等至慢，寿命长。对有毒气体及烟尘抗性较强。

栽培繁殖：扦插繁殖为主，枝叶可剪扎成型，也可修剪成自然树冠。榔榆萌芽力强，在生长期要弱剪，休眠期强剪。

病虫害：虫害较多，常见虫害有榆叶金花虫、介壳虫、天牛、刺蛾和蓑蛾等。

观赏特性及园林用途：树干略弯，树皮斑驳雅致，小枝婉垂，具有较高的观赏价值，常孤植成景，适宜种植于池畔、亭榭附近、配于山石间；萌芽力强，可制作盆景；当新叶初放时，满树嫩绿，为最佳观赏期。老桩盆景，根茎苍古，姿态朴拙，为岭南盆景材料。

（摄影人：周金玉）

● 面包树

别名：面包果、罗蜜树、马槟榔、面磅树
Artocarpus incisa (Thunb.) L.f.
桑科　波罗蜜属

形态： 常绿乔木，高 10~15 m。植株含白色乳汁，具板根，外形浑厚。叶厚革质，互生，长 10~50 cm，卵形至卵状椭圆形，成熟叶羽状分裂，两侧多为 3~8 羽状深裂；托叶披针形或宽披针形，长 10~25 cm，被灰色或褐色平贴柔毛。花序单生叶腋，雄花序长圆筒形至长椭圆形，长 7~30 cm，黄色；聚花果倒卵圆形或近球形，长 15~30 cm，绿色至黄色，表面具圆形瘤状凸起，成熟褐色至黑色，柔软，内面为乳白色肉质花被组成。

分布： 原产太平洋群岛及印度、菲律宾；中国广东、海南、香港、台湾亦有栽培。

生长习性： 热带、阳性树种，喜强光，耐热、耐旱、耐湿、耐瘠、稍耐阴，生长适温 23℃~32℃。

栽培繁殖： 种子、压条、分蘖繁殖为主；种子繁殖可随采随播，约半个月发芽，实生苗 6~8 年结果；不耐移植，如移植，应断根及重剪后再移，并喷水保湿，新的枝叶长出后再正常养护。

观赏特性及园林用途： 叶片、果实形态奇特，有较好的观赏价值。适合作行道树、庭园树；我国南方只作公园观赏用。可对植于门前两侧，还可列植、丛植，营造专类园。

（摄影人：李鹏初、黄颂谊、梁冠峰）

● 波罗蜜

别名：树波罗、木波罗、蜜冬瓜、牛肚子果

Artocarpus heterophyllus Lam.

桑科　波罗蜜属

　　形态：常绿乔木，高 10~25 m。有乳状汁液，树干基部有板状根，小枝有托叶环纹，韧皮纤维发达。叶革质，椭圆形或倒卵形至矩圆形，全缘或幼时和萌芽枝兼有 2~3 裂，边缘呈线状透明。花单性，雌雄同株，雄花序短圆柱状，腋生；雌花序椭圆形，于树干、大枝或根部的粗短枝上顶生，花序柄基部包以佛焰苞状的膜质大苞片。聚花果大，果序椭球形或近球形，直径 20~50 cm，重可达 20 kg，外皮密生瘤状突起，内有瘦果及不发育的条片状花被多数。种子 1 粒，椭球形。花期 2~5 月，果熟期 6~8 月。

　　分布：东南亚热带森林及河岸边；中国广东、广西、福建、台湾、海南等有栽培。

　　生长习性：喜热带气候。适生无霜冻、雨量充沛地区。喜光，生长迅速，幼时稍耐阴，喜肥厚土壤，不耐旱瘠，忌积水；抗风，抗大气污染；寿命长。

　　栽培繁殖：种子、嫁接繁殖为主。种子繁殖时选用新鲜种子，清水洗干净，用多菌灵 500~800 倍液加新高脂膜 800 倍液，在配好的药液中加入 15 kg 清水，将种子倒入药液中，浸泡 2~3 分钟。出芽后，移入营养钵。嫁接繁殖时砧木苗选择抗逆性和适应性强的本地波罗蜜品种。嫁接选用枝接和芽接。

　　病虫害：主要有金龟子、毒蛾危害嫩梢嫩叶。

　　观赏特点及园林用途：果形奇特，是优美观果类园林树种；适合在庭园、公园、风景区、森林公园、自然保护区开放地段配植，可孤植、对植、列植。

（摄影人：黄颂谊）

● 桂木

别名：狗果树、胭脂公、红桂木、大叶胭脂

***Artocarpus nitidus* Tréc. subsp. *lingnanensis* (Merr.) Jarr.**

桑科　波罗蜜属

　　形态：常绿乔木，高达 15 m。主干通直；树皮黑褐色，纵裂。叶革质，长圆状椭圆形至倒卵椭圆形，全缘或具不规则浅疏锯齿，表面深绿色，背面淡绿色；托叶佛焰苞状，早落。雄花序头状；雌花序近头状。聚花果近球形，表面粗糙被毛，直径约 5 cm，成熟红色，肉质可食；小核果 10~15 颗。花期 4~5 月，果期 5~9 月。

　　分布：中国华南至西南等地；越南也有分布。生于土层深厚肥沃的村边疏林、中低海拔丘陵或山谷的疏林、常绿阔叶林中。

　　生长习性：热带树种，喜阳，喜高温多湿气候；土壤要求不严，在深厚沃土、温度 22℃~25℃时生长最快。根系发达，较速生，适应性强。

　　栽培繁殖：播种和扦插繁殖为主。10 月份果实微裂、表面呈现棕褐色时可采摘，在室内阴干数日，蒴果开裂，种子自行脱落。种子寿命短，收集种子即行播种育苗，发芽率可达 85%。待苗高 60 cm 时，在阴雨天出圃定植。

　　病虫害：常见病害有白粉病、黑斑病、炭疽病、立枯病。

　　观赏特性及园林用途：树形优美，树冠开阔，常年枝叶繁茂，适应性强，夏、秋季果实累累，适用于城市各类绿地，尤其适宜工矿区绿化配植；常作遮阴树种、行道树，也可营造防风林、大气污染防护林。

（摄影人：周金玉）

● 构树

别名：褚桃、褚、谷树、褚皮柴、构桃树、构乳树、楮实子

***Broussonetia papyrifera* (L.) L' Hért. ex Vent.**

桑科　构属

形态：落叶乔木，高 6~20 m。树皮浅灰色，不易裂，全株含乳汁，小枝密生柔毛。叶纸质，宽卵形至长椭圆状卵形，不分裂或 2~5 裂，长 6~20 cm，宽 4~12 cm，先端渐尖，基部心形或圆形，腹面深绿色而粗糙，背面灰绿色，密被柔毛。花雌雄异株；雄花序为柔荑花序，长 3~8 cm；雌花序球形头状。聚花果直径 1.5~3 cm，成熟时橙红色、肉质多汁；瘦果表面有小瘤，龙骨双层，外果皮壳质。花期 4~5 月，果期 6~7 月。

分布：中国山西以南至海南省；缅甸、泰国、越南、马来西亚、日本、朝鲜也有分布。自然生长于低山丘陵或平原。

生长习性：强阳性树种，适应性强；根系浅，侧根分布很广，固土能力强，速生、萌芽力分蘖力强、耐修剪；抗逆性强、抗污染性强；易繁殖，平原、丘陵或山地都能生长。

栽培繁殖：种子或扦插繁殖为主。利用雄株作接穗，培育嫁接苗种植。

病虫害：主要病虫害为烟煤病和天牛。

观赏特点及园林用途：枝叶茂密且抗逆性强、生长快、繁殖容易，可作为荒滩、偏僻地带、矿区及荒山坡地绿化，亦可选作防护林用。

（摄影人：黄颂谊、周金玉）

● 高山榕

别名：鸡榕、大青树、万年青、马榕

***Ficus altissima* Bl.**

桑科　榕属

形态：常绿大乔木，高 25~30 m。树皮灰色，平滑；幼枝绿色，粗约 10 mm，被微柔毛。叶厚革质，广卵形至广卵状椭圆形，全缘，两面光滑，无毛；叶柄粗壮；托叶厚革质，外面被灰色绢丝状毛。榕果对生于腋生，椭圆状卵圆形，直径 15~28 mm，成熟时红色或带黄色，顶部脐状凸起；雄花散生榕果内壁。花期 3~4 月，果期 5~7 月。

分布：中国海南、广西、云南、四川；东南亚至南亚地区也有分布。

生长习性：阳性，喜高温多湿气候，耐干旱瘠薄，但不耐寒，在中亚热带的韶关地区即受寒害。抗风，抗大气污染，生长迅速，移栽容易成活。

栽培繁殖：可播种、扦插、压条等方法繁殖，以扦插繁殖为主。

病虫害：主要病害有黄化病、叶斑病、煤烟病、白粉病等。

观赏特性及园林用途：树冠开阔，叶色翠绿，枝繁叶茂，球果成熟时金黄色，适合用作园景树、遮阴树、行道树。气生根能发育成粗大的支柱根，独木成林，景观效果极佳。

（摄影人：黄颂谊、陈峥）

● 垂叶榕

别名: 垂枝榕、垂榕、白榕

***Ficus benjamina* L.**

桑科　榕属

形态: 常绿乔木。树冠广阔; 树皮灰色, 平滑; 小枝下垂。叶革质, 卵形至卵状椭圆形, 先端短渐尖, 基部圆形或楔形, 全缘, 侧脉平行展出, 直达近叶边缘。隐头花序, 成对或单生叶腋, 基部缢缩成柄, 球形或扁球形, 光滑, 直径 8~15 mm。雄花、瘿花、雌花同生于一榕果内, 果成熟时红色至黄色。花果期几全年, 以 5~6 月及 8~9 月为盛。

分布: 中国广东、海南、云南、贵州、广西等地; 南亚、东南亚、澳大利亚也有分布。生长于海拔 500~800 m 湿润的杂木林中。

生长习性: 阳性树种喜高温多湿气候, 耐热、耐旱、耐湿、耐风、耐阴、抗污染、耐剪、易移植; 忌低温干燥环境, 可耐短暂 0℃ 低温。可做造型, 移植易活。

栽培繁殖: 扦插繁殖容易生根, 剪口有乳汁溢出, 可用温水洗去或以火烤之, 使其凝结, 再插于沙床中, 一个月左右即可生根。

病虫害: 常见叶斑病危害。

观赏特性及园林用途: 枝叶婆娑, 略下垂, 树形优美, 叶色翠绿有光泽, 可作遮阴树、行道树; 耐修剪, 适用作规则式园林植物配置, 宜于草坪、水畔种植。

(摄影人: 黄颂谊、丰盈)

● 柳叶榕

别名：长叶榕、阿里垂榕

***Ficus binnendijkii* Miq. 'Alii'**

桑科　榕属

形态：常绿乔木，高 6 m。枝条浓密，微下垂，具气根，皮孔明显。叶互生，下垂，线状披针形，长达 25 cm，主脉显著，先端具细尖，革质，秃净光亮。果球形，直径约 1.2 cm，熟后黑色。

分布：为园艺栽培品种。中国广东、广西、海南、云南等地有栽培。

生长习性：喜半阴、温暖而湿润的气候。较耐寒，可耐短期的 0℃ 低温，空气湿度在 80% 以上时易生出气根。可长期置室内栽培，病虫害少，较喜肥，耐水湿，露地种植或盆栽，均宜施足基肥。生命力很强，长势旺盛，容易造型，颇耐修剪，可根据观赏要求，进行园艺加工。

栽培繁殖：采用扦插繁殖极易成活，亦可用种子育苗。培育桩景多挖取老蔸，种植成活后，再行园艺加工。实生苗可曲茎、提根靠接，作多种造型，制成艺术盆景，老蔸可修整成古老苍劲的桩景。

病虫害：常见虫害有白蜡蚧。

观赏特性及园林用途：叶片如柳叶下垂，枝条飘逸，树姿美丽，适合庭园绿化、行道树、绿篱或盆栽。抗有害气体及烟尘的能力强，宜在工矿区绿化、广场、森林公园等处种植。

（摄影人：李鹏初、周金玉、丰盈）

● 橡胶榕

别名：印度橡胶榕、印度胶树、橡皮树、印度榕

***Ficus elastica* Roxb. ex Hornem.**

桑科　榕属

　　形态：常绿乔木，高 10~30 m。具气生根或成支柱根。树皮深褐色，略粗糙，皮孔明显，富含乳汁；小枝粗壮，光滑，具托叶环痕。树冠扁球形。叶互生，厚革质，长圆形或椭圆形，宽 5~17 cm，嫩叶淡红色。榕果成对生于已落叶枝的叶腋，卵状长椭圆形，长 10 mm，直径 5~8 mm，黄绿色。花期 5~6 月，果期 9~11 月。

　　分布：原产于印度、马来群岛。中国华南及西南等地有栽培。

　　生长习性：喜高温湿润、阳光充足的环境，也能耐阴但不耐寒。耐风、耐旱，对土壤要求不严，要求排水良好，宜肥沃湿润土壤，喜酸性土。生长快，萌芽力强，耐修剪。

　　栽培繁殖：常用扦插和高压法繁殖，易生长成活。

　　病虫害：主要病害有灰霉病、叶斑病。

　　观赏特性及园林用途：枝叶浓密，叶大翠绿，又有嫩叶和托叶呈淡红色衬映，甚为美观；且生长快，抗性强，并具气生根及支柱根的特色。宜作庭荫风景树，亦可盆栽观赏。密植有防火隔离作用。

（摄影人：李鹏初、黄颂谊）

● 对叶榕

别名：牛奶子、牛奶树、多糯树、稔水冬瓜

***Ficus hispida* L. f.**

桑科　榕属

观赏特性及园林用途：生性强健，树冠壮硕，树形美观，终年叶片浓绿，可作为庭院、街道绿化树种，颇有野趣。

（摄影人：黄颂谊）

形态：常绿小乔木，高约 6 m。树皮粗糙，有肿胀的小节，全株植物含有白色乳汁。叶通常对生，厚纸质，卵状长椭圆形或倒卵状矩圆形，粗糙，被短粗毛。榕果腋生或茎生，陀螺形，成熟黄色，直径 1.5~2.5 cm，散生侧生苞片和粗毛。花果期 6~7 月。

分布：中国广东、海南、广西、云南、贵州；南亚至东南亚、澳大利亚也有分布。

生长习性：喜生于沟谷潮湿地带，常见于南方的郊野，对土质的要求不高，各类土上均能生长。

栽培繁殖：扦插或播种繁殖。

病虫害：主要虫害有木虱、榕管蓟马、灰白蚕蛾。

● 大琴叶榕

Ficus lyrata **Warb.**

桑科　榕属

　　形态：常绿乔木，高达 10 m。茎干直立，分枝多。叶厚革质，提琴状，两面无毛，长 17~40 cm，叶缘波状，叶脉中肋于叶面凹下并于叶背显著隆起，侧脉也相当明显；叶柄被灰白色茸毛。榕果球形，单生或成对生于叶腋，绿色，直径约 2 cm，具白斑。
　　分布：原产非洲热带地区；中国华南地区有栽培。
　　生长习性：喜阳也耐阴，喜高温、湿润的气候，耐寒性相对较弱。
　　栽培繁殖：扦插或高压繁殖。幼苗适于半阴环境下生长，夏季要避免阳光直射，以免灼伤叶片。
　　观赏特性及园林用途：叶片宽大、奇特，形似小

提琴，给人以大方、庄重之美感。适作园景树，各式庭园均可单植、列植或群植。

（摄影人：黄颂谊、陈峥）

● 细叶榕

别名：榕树、小叶榕、正榕、山榕、雀屎榕、千根树

***Ficus microcarpa* L. f.**

桑科　榕属

　　形态：常绿乔木，冠幅广展，高 15~25 m，胸径可达 2 m 或更大，全株有乳汁。气生根多或成支柱根。叶革质，椭圆形或倒卵形至长椭圆形。隐头花序，单生或成对腋生；花小，单性同序，具雄花、雌花和瘿花"中性"生于球形花序托的内腔壁。隐头果球形，直径 7~10 mm，熟时淡红色或土黄色，肉质。花果期 4~5 月及 9~12 月。

　　分布：中国华南、东南和西南部；自然生长于低海拔林中。各地普遍栽培，古树多，为优良乡土树种。

　　生长习性：性喜温暖，耐寒；喜光而耐半阴，耐水湿和稍耐旱，抗大气污染和抗风性强；生长略快，萌芽力强，耐修剪；寿命长。热带雨林特征的"绞杀现象"树种之一。

　　栽培繁殖：种子繁殖或扦插繁殖。扦插时可选健康且生命力强的枝干，底部削成鸭嘴状，再用生根剂浸泡 1 小时，容易成活。

　　病虫害：主要虫害有细叶榕木虱。

　　观赏特性及园林用途：树干高大茂盛，树冠形如华盖，树叶浓密，绿荫蔽天，可独树成林，十分壮观。常作独赏树种、遮阴树种、主干道行道树树种、防护树种、林丛树种；为优良的城市绿化树种和具有地域特性的植物造景材料，也是岭南树桩盆景的重要材料。具有抵御大气污染、滞尘减噪、保护水土、涵养水源、护岸固堤等环境保护功能，其果实极易吸引鸟类，具优良的生物诱引能力。

（摄影人：黄颂谊、陈峥）

● 苹果榕

别名：橡胶树、木瓜果

***Ficus oligodon* Miq.**

桑科　榕属

形态：常绿乔木，高约 10 m，胸径 10~16 cm。树冠扩展；幼枝略被微毛。叶纸质，倒卵状椭圆形，长 10~23 cm，宽 6~16 cm，先端渐尖至急尖，基部浅心形至宽楔形，叶面无毛，背面密生点状钟乳体，幼时沿叶脉疏生白色柔毛。榕果簇生于老茎发出的无叶短枝上，梨形，直径 2~4 cm，表面有 4~6 条纵棱和瘤体，略被短柔毛，成熟时深红色，顶部压扁，基部收缩为短柄。花期秋季，果期 4~7 月。

分布：中国广西、云南、贵州、海南、西藏；不丹、印度北部、泰国、越南、马来西亚北部也有分布。

生长习性：阳性，喜高温湿润气候。不抗风，抗大气污染，喜生于低山沟谷潮湿雨林中。

观赏特性及园林用途：榕果硕大，成熟时变为深红色，形似苹果，观赏性强。观赏分类属荫木类；可作庭荫树、景观树。

（摄影人：黄颂谊）

● 聚果榕

别名：马郎果、气达榕

***Ficus racemosa* L.**

桑科　榕属

形态：常绿乔木，高达 30 m，胸径 55~90 cm。幼枝、嫩叶和果实被贴伏柔毛。叶薄革质，椭圆状倒卵形至椭圆形或长椭圆形，全缘，背面浅绿色，稍粗糙。榕果聚生于老茎上的瘤状短枝，稀成对生于落叶枝叶腋，梨形，成熟时橙红色，直径 2~2.5 cm，顶部压平，唇形，基部缢缩成柄。花期 5~7 月，果期秋季。

分布：中国云南南部、贵州南部、广西；越南、印度、大洋洲北部、巴布亚新几内亚也有分布。喜生于潮湿地带，常见于河畔、溪边。

生长习性：喜光，喜暖热、多湿气候，不甚耐寒，对土壤 pH 值适应性较强，喜疏松、肥沃而排水良好的中性至酸性土壤，耐干旱，耐贫瘠。

栽培繁殖：可播种、扦插、压条繁殖，以扦插繁殖为主。

病虫害：主要病害有黄化病、叶斑病、煤烟病、白粉病等。

　　观赏特性及园林价值：树冠开阔，叶色翠绿，枝繁叶茂，球果美丽，成熟时橙红色，适合用作园景树和遮阴树。

（摄影人：丰盈）

● 菩提榕

别名：菩提树、思维树

Ficus religiosa L.

桑科　榕属

形态：常绿乔木，高可达 30 m。根系发达，气生根缠干而生；树皮灰色，冠幅广展；小枝幼时被微柔毛。叶近革质，黄绿色，嫩叶淡红色，叶片三角状卵形，长 7~17 cm，表面深绿色，光亮，先端骤尖，顶部延伸为尾状，尾尖长 2~5 cm，基部宽截形至浅心形。榕果球形至扁球形，成熟时红色，光滑。花期 3~4 月，果期 5~6 月。

分布：原产于印度等地。中国广东、广西、云南、海南、香港等地有栽培。

生长习性：喜光、喜高温高湿，25℃时生长迅速，越冬时气温要求在 12℃左右，不耐霜冻；抗污染能力强，对土壤要求不严，但以肥沃、疏松的微酸性砂壤土为好。生长快，萌芽力强，寿命长。

栽培繁殖：种子繁殖或扦插繁殖。种子无休眠习性，播种后 10 天左右即可发芽出土；扦插繁殖在春季或秋季进行，选择具有饱满腋芽的枝条扦插，药物杀菌 10 天左右即可长根；用大枝条扦插时，剪去全部的侧枝和叶片，包扎整个露出地面枝干，遮阴保湿，约 20 天后即可生根。出圃移植时应带土团，可提高苗木成活率。

病虫害：主要病虫害有猝倒病、黑斑病、蚜虫、蛾类。

观赏特性及园林用途：树形优美，枝干长有气生根，树干凸凹不平，给人以老态龙钟而又苍劲之感觉。冠幅广展，枝繁叶茂，叶形美，优雅可观，是优良的观赏树种、庭院、行道和污染区的绿化树种。印度国树菩提在梵文 Bodhi 中意为觉道，亦译为思维。相传释迦牟尼在其树下坐禅悟道成佛，故又名思维

树、佛树。据称，该树在南朝梁武帝天监元年（公元 502 年）传入我国南方，华南地区寺庙都有栽植。佛教文化树种，具有"身是菩提树，心是明镜台，时时勤拂拭，勿使惹尘埃"的意蕴。

（摄影人：黄颂谊）

● 心叶榕

别名：假菩提树

***Ficus rumphii* Bl.**

桑科　榕属

形态：乔木，形态与菩提榕相似，与菩提树区别如下：

（1）心叶榕的叶片近革质，叶面不光亮；菩提树的叶片革质，叶面光亮。

（2）心叶榕的叶柄短于叶片；菩提树的叶柄长于叶片或近等长。

（3）心叶榕的叶片先端渐尖，不具尾状长尖；菩提树的叶片先端具2~5 cm的尾状长尖。

（4）心叶榕的叶片全缘；菩提树的叶片全缘或为波状。

分布：产于中国云南西部。生于海拔600~700 m的疏林缘或旷地。印度及东南亚也有分布。中国华南地区有栽培。

生长习性：喜光；喜温暖至高温、湿润的气候，不耐干旱。对土质选择不严。抗风；抗大气污染。生长迅速，萌发力强，移植易成活。

栽培繁殖：扦插繁殖。于早春进行，成活率高。

观赏特性及园林用途：树冠广阔，树姿及叶形优雅别致，富热带风情，遮阴效果甚佳，是优美的庭园风景树和行道树。

（摄影人：黄颂谊）

● 笔管榕

别名：鸟榕、雀榕、漆娘舅、笔管树

Ficus superba Miq. var. *japonica* Miq.

桑科　榕属

形态：落叶乔木，高达 10 m。有时有气根；小枝淡红色，无毛。叶椭圆形至长圆形，近纸质，无毛，长 10~15 cm，宽 4~6 cm，先端短渐尖，基部圆形；嫩苞片及嫩叶红色。榕果单生或成对或簇生于叶腋或生无叶枝上，扁球形，成熟时紫黑色，直径 5~8 mm，顶部微下陷；果梗长 3~4 mm。花期 4~6 月，果期 10~12 月。

分布：中国广东、福建、浙江、广西、海南、云南南部、台湾；东南亚也有分布。生于海拔 140~1 400 m 的平原或村庄及岸边。

生长习性：喜温暖湿润气候，喜阳也能耐阴，不耐寒，喜湿，耐干旱，适应性强。

栽培繁殖：可扦插、压条繁殖，以扦插繁殖为主。

观赏特性及园林用途：树形美观，枝叶繁茂，顶芽苞片及新叶红色、脱落时缤纷落英，熟果淡红色间缀白色。适用于城市各类绿地，可作遮阴树种、行道树种、风景林丛树种，尤适合公园、风景区、森林公园的草坪或河、湖、溪谷等水湿之地配植。因其落叶量大，适宜营造水源涵养林。

（摄影人：黄颂谊）

● 大叶榕

别名：黄葛树、黄葛榕、黄桷榕、黄槲树、保爷树

***Ficus virens* Ait. var. *sublanceolata* (Miq.) Corner**

桑科　榕属

形态：落叶大乔木，高 20~30 m。有板根或支柱根，板根延伸达数十米外，支柱根能形成树干。叶片纸质，长椭圆形或近披针形，长 8~16 cm，先端短渐尖，基部钝或圆形。榕果球形，单生或成对腋生或簇生于已落叶枝叶腋，直径 7~12 mm，熟时紫红色。花果期 4~7 月。

分布：中国华南和西南地区；南亚至东南亚、澳大利亚北部也有分布。

生长习性：喜光，耐旱，耐瘠薄，有气生根，适应能力特别强。耐寒性较榕树稍强。

栽培繁殖：可播种、扦插、压条法繁殖，以扦插繁殖为主。种子播种时种子随收随播，浆果搓稀烂拧干水，晾干浆果渣播种。待长到有 6~7 片真叶就可移苗。

病虫害：常见的虫害是灰白蚕蛾，低龄幼虫咬食叶肉，大龄幼虫蚕食叶片，该幼虫具有拟态现象，不易被发现。

观赏特性及园林用途：树冠宽广，树荫浓密。早春换叶前老叶变黄纷纷飘落，树上树下一片金黄，

颇有北方深秋的景色；新叶开展后满树翠绿，春意盎然，生机勃勃，是良好的荫蔽树种和南方难得四季景观变化分明的树种。适宜栽植于公园湖畔、草坪、河岸边、风景区，孤植或群植造景，常用作行道树或庭荫树，为路人和游客提供荫蔽、纳凉的环境。

（摄影人：黄颂谊、丰盈）

● 桑树

别名：桑、家桑、白桑、女桑、鲁桑、湖桑

***Morus alba* L.**

桑科　桑属

形态：落叶乔木或为灌木，高 3~10 m 或以上。树皮灰色，具不规则浅纵裂；小枝被细毛。叶卵形或广卵形，长 5~15 cm，宽 5~12 cm，先端急尖、渐尖或圆钝，基部圆形至浅心形，边缘锯齿粗钝，有各种分裂。花单性，与叶同时生出；雄花序下垂，长 2~3.5 cm，密被白色柔毛；雌花序长 1~2 cm，被毛，雌花无梗；聚花果卵状椭圆形，成熟时红色或暗紫色。花期 4~5 月，果期 5~8 月。

分布：中国中部和北部；现由东北、西南、华南、西北地区直至新疆均有栽培。朝鲜、日本、蒙古、中亚各国、俄罗斯、欧洲等地以及印度、越南也有栽培。

生长习性：根系发达，萌芽力强，耐修剪，寿命长；喜光，枝条密度中等；能抗旱耐寒、耐旱、耐湿、抗碱、抗风，耐烟尘，抗有毒气体。

栽培繁殖：可播种、扦插、分根、嫁接繁殖，常用压条繁殖。根据用途，培育成高干、中干、低干等多种形式。

病虫害：主要虫害为金龟子。

观赏特性及园林用途：树冠宽阔，枝叶茂密，秋叶金黄，十分美观，果色紫红，颇有野趣，是良好的园林绿化树种。适用于庭园、公园、风景区、森林公园绿化。栽桑养蚕，在中国有着悠久的历史，而最终的产物丝绸被誉为"纤维皇后"，并成就了丝绸之路，故适合营造独具特色的文化景观，在现代城乡园林绿化中有着广泛的应用前景。

（摄影人：黄颂谊、周金玉）

● 大叶冬青

别名：大苦丁、宽叶冬青

Ilex latifolia **Thunb.**

冬青科　冬青属

形态：常绿乔木，高达 20 m。树皮灰黑色；分枝粗壮，具纵棱及槽，光滑。叶片厚革质，长圆形或卵状长圆形，长 9~19 cm，宽 4~7.5 cm，先端钝或短渐尖，基部阔楔形或圆形，边缘具疏锯齿。由聚伞花序组成的假圆锥花序生于二年生枝的叶腋内，无总梗。花淡黄绿色，4 基数；花瓣卵状长圆形，基部合生。果球形，成熟时红色，外果皮厚平滑。花期 4 月，果期 9~10 月。

分布：中国长江下游各地及福建等地；日本也有分布。生于海拔 250~1 500 m 的山坡常绿阔叶林中、灌丛中或竹林中。

生长习性：喜光，喜温热、多湿润气候。对土壤适应性强，以肥沃、深厚土壤生长为佳。萌芽力强，耐修剪。

栽培繁殖：播种或扦插繁殖。

病虫害：病虫害较少，管理方便。

观赏价值和园林用途：叶、花、果色相变化丰富，萌动的幼芽及新叶呈紫红色，正常生长的叶片为青绿色，老叶呈墨绿色。5 月花为黄色，秋季果实由黄色变为橘红色，挂果期长，十分美观，具有很高的观赏价值。

（摄影人：黄颂谊）

● 铁冬青

别名： 救必应、熊胆木、白银香（木）、过山风、羊不食

Ilex rotunda Thunb.

冬青科　冬青属

形态：常绿乔木，高 5~15 m。树皮灰色至灰黑色，平滑，皮层切开后由白色变浅蓝色。叶片薄革质，卵形、倒卵形或椭圆形。花单性，雌雄异株；聚伞花序或伞形状花序，单生于当年生枝的叶腋内。雄花白色，4 基数；花瓣长圆形，开放时反折，基部稍合生；雌花序具 3~7 花，花白色，花瓣倒卵状长圆形。果近球形，稀椭圆形，成熟时红色。花期 4 月，果期 8~12 月。

分布：长江流域以南各地；朝鲜半岛、日本和越南亦有分布。生于海拔 400~1 100 m 的山坡常绿阔叶林中和林缘。

生长习性：耐阴树种，喜生于温暖湿润气候和疏松肥沃、排水良好的酸性土壤。适应性较强，耐瘠、耐旱、耐霜冻，抗大气污染。

栽培繁殖：种子繁殖为主。12 月从树上采下果实，取出种子，用湿沙低温贮藏 1 年，由于种子很小，播种时必须将种子与草木灰或细土混合均匀。出苗比较整齐，发芽率高。

病虫害：抗性较强，病虫害较少，只有食叶性昆虫危害中上部嫩叶。

观赏特性及园林用途：枝繁叶茂，四季常青，果熟时红若丹珠，赏心悦目。树叶厚而密，湖边或开阔地种此树，能形成荫蔽的环境，产生多层次丰富景色的效果，是理想的园林观果树种。在园林中宜丛植于草坪、土丘、山坡，适宜在园林中孤植或群植。若混交配置在秋色叶树种中，在秋天能增添独特的季相变化。雌雄异株，使用时需搭配种植，否则无法结果。

（摄影人：黄颂谊、陈峥）

● 柚子

别名： 柚、文旦、香栾、朱栾、内紫

Citrus maxima (Burm.) Merr.

芸香科　柑橘属

　　形态： 常绿乔木，高 5~10 m。小枝具棱，有长而硬的刺；嫩枝、叶背、花梗、花萼及子房均被柔毛，嫩叶通常暗紫红色，嫩枝扁且有棱。叶片质地厚，绿色，阔卵形或椭圆形，顶端钝或圆，有时短尖，基部圆，个别品种的翼叶甚狭窄。总状花序，有时兼有腋生单花；花蕾淡紫红色，稀乳白色。果圆球形、扁圆形、梨形或阔圆锥状，淡黄色或黄绿色。花期 4~5 月，果期 9~12 月。

　　分布： 原产亚洲东南部。中国长江以南各地，最北见于河南省信阳及南阳一带广泛栽培。

　　生长习性： 喜光，稍耐阴；喜暖热、湿润气候，不耐霜冻。宜深厚、肥沃而排水良好的中性或微酸性砂质壤土或黏质壤土，但在过分酸性及黏土地区生长不良。

　　栽培繁殖： 通常采用嫁接繁殖。柚的枝梢分枝角度对生长与结果有很大的影响，顶端优势强，不利于花芽分化，农业上，常用拉枝办法使分枝角度增大，促进提早结果。柚的结果母枝主要是春梢。

　　病虫害： 危害柚树的病虫害较多，常见的有螨类、蚧类、潜叶蛾类、炭疽病等。

　　观赏特性及园林用途： 树冠球形，叶色亮绿，果实大而圆，具良好的观赏效果。可孤植、对植于庭前，或片植成林；常作经济果林栽培。

（摄影人：周金玉）

● 黄皮

别名：黄弹、黄弹子、黄段

Clausena lansium (Lour.) Skeels

芸香科　黄皮属

形态：常绿乔木，高5~10 m。叶轴、花序轴、尤以未张开的小叶背脉上散生甚多明显凸起的细油点且密被短直毛。奇数羽状复叶，有小叶5~11片，小叶卵形或卵状椭圆形，常一侧偏斜，两侧不对称。圆锥花序顶生；花蕾圆球形，花瓣长圆形。果圆形、椭圆形或阔卵形，长1.5~3 cm，宽1~2 cm，淡黄色至暗黄色，被细毛。花期4~5月，果期7~8月。海南地区其花果期均提早1~2个月。

分布：中国南部。广东、台湾、福建、海南、广西、贵州南部、云南及四川金沙江河谷均有栽培。

生长习性：喜温暖、湿润、阳光充足的环境。对土壤要求不严。以疏松、肥沃的壤土种植为佳。

栽培繁殖：以种子繁殖为主，果实置阴凉处堆沤数天至腐烂，脱去皮肉晾干即可播种。

病虫害：主要病虫害有炭疽病、煤烟病、蚜虫、介壳虫、潜叶蛾、红蜘蛛、白蛾蜡蝉等。

观赏特性及园林用途：花白色、芳香，系春、夏季观花类及秋季观果类树种。适用于庭园、公园、风景区、森林公园绿化。宜孤植、丛植、群植、林植，或辟建专类园。具挥发性芳香油，分泌植物杀菌素。极易招蜂引蝶、吸引鸟类及食果类动物，具优良的生物诱引能力。常作经济林栽培。

（摄影人：黄颂谊）

● 楝叶吴茱萸

别名：山漆、山苦楝、檫树、贼仔树、鹤木、假茶辣

***Evodia glabrifolia* (Champ. ex Benth.) C. C. Huang**

芸香科　四数花属

　　形态：常绿乔木，高达 20 m。冠伞形，干通直，根系深。奇数羽状复叶，有 5~11 片小叶；叶片卵形至卵状椭圆形，先端渐尖，叶基偏斜；嫩叶呈红色，老叶背面灰白色或粉绿色。聚散状圆锥花序腋生；花单性异株；花瓣白色。聚合蓇葖果紫红色。花期 7~8 月，果熟期 11 月。

　　分布：中国广东、广西、福建、云南、海南、台湾、香港；越南也有分布。生于常绿阔叶林中，在山谷较湿润地方常成为主要树种。

　　生长习性：喜光，喜温热、多湿气候，对温度适应性较广。宜湿润、肥沃的土壤，耐干旱。

　　栽培繁殖：播种或扦插繁殖。

　　观赏特性及园林用途：树形挺拔，冠大荫浓，新叶艳红，白花繁，果绛红，为新叶有色类、系秋季观花树种及冬季观果树种。易招蜂引蝶、吸引鸟类及食果类动物。 适用于城市各类绿地，可作遮阴树种、行道树种、风景林丛树种；可配置保健林，营造防风林；为山区造林树种之一。

（摄影人：黄颂谊）

● 橄榄

别名： 黄榄、青果、山榄、白榄、红榄、青子、谏果、忠果

Canarium album (Lour.) Raeusch.

橄榄科 橄榄属

形态： 常绿乔木，高 10~20 m。幼枝被黄棕色绒毛，很快变无毛。羽状复叶，有小叶 3~6 对；叶片纸质至革质，披针形或椭圆形，背面有极细小疣状突起。花序腋生，微被绒毛至无毛；雄花序为聚伞圆锥花序，具花 12 朵以下。果卵圆形至纺锤形，横切面近圆形，成熟时黄绿色。花期 4~5 月，果 10~12 月成熟。

分布： 中国南方；越南北部至中部也有分布。生于海拔 1 300 m 以下的沟谷和山坡杂木林中。广东、福建、台湾、广西、云南等地均有栽培。日本及马来半岛有栽培。

生长习性： 喜温暖，生长期需适当高温才能生长旺盛，结果良好，年平均气温在 20℃以上，冬季无严霜冻害地区最适其生长，温度 4℃以下有冻害。对土壤适应性较广，江河沿岸、丘陵山地、红黄壤、石砾土可栽培，只要土层深厚，排水良好都可生长良好。

栽培繁殖： 播种繁殖。采收成熟的种子经沙藏到翌年春季播种。喜温暖且抗旱能力强，以土层深厚疏松，含有丰富有机质土壤或砂壤土最佳。选择交通方便，水源丰富无污染，地形平坦的山坡地或梯田地种植。

病虫害： 主要病虫害有炭疽病、流胶病、树瘿病、星室木虱、小黄卷叶蛾、黑刺粉虱、圆蚧类、天牛类等。

观赏特性及园林用途： 树姿端直，根深叶茂，绿荫如盖；为叶、果兼美的城市绿化树种，尤其多植于山地。可作遮阴树种、行道树种、防护树种，于堂前、屋隅、草坪、路侧、山麓、谷地等地孤植、列植、丛植；抗风能力强，尤其适宜造防风林或海岸防潮风林。

（摄影人：黄颂谊、陈峥）

● 麻楝

别名：阴麻树、白皮香椿

Chukrasia tabularis A. Juss.

楝科　麻楝属

　　形态：落叶乔木，高 10~30 m。老茎树皮纵裂，幼枝赤褐色，具苍白色的皮孔。叶通常为偶数羽状复叶，小叶 10~16 枚；叶片纸质，卵形至长圆状披针形，长 7~12 cm，两面均无毛或近无毛。圆锥花序顶生，具短的总花梗；花两性有香味；花瓣黄色或略带紫色，长圆形，外面中部以上被稀疏的短柔毛。蒴果直径 2~3 cm，近球形或椭圆形，表面粗糙而有淡褐色的小疣点。花期 4~5 月，果期 7 月至翌年 1 月。

　　分布：中国华南和西南等地。生于海拔 380~1 530 m 的山地杂木林或疏林中。

　　生长习性：喜光，幼树耐阴；适生于湿润、疏松、肥沃的壤土；耐寒性差，幼树在 0℃ 以下即受冻害。抗风、抗大气污染，生长迅速。

　　栽培繁殖：播种繁殖，种子发芽率 50%~80%，随采随播。

　　观赏特性及园林用途：树姿优美，枝繁叶茂，广泛应用于城乡绿化，可作遮阴树种、行道树种、防护树种、林丛树种，可营造水源涵养林、水土保持林。

（摄影人：黄颂谊、陈峥）

● 非洲桃花心木

别名：非洲楝、寒楝、卡雅楝
Khaya senegalensis (Desr.)A. Juss.
楝科　非洲楝属

　　形态：常绿乔木，高 15~30 m。树冠阔卵形，干粗大，树皮灰白色，平滑或呈斑驳鳞片状。叶互生，叶轴和叶柄圆柱形，叶为一回偶数羽状复叶，小叶互生，3~4 对，光滑无毛，革质全缘，深绿色，长圆形至长椭圆形，长 6~12 cm，宽 2~5 cm。圆锥花序腋生，花白色，萼片 4，雄蕊管坛状。蒴果卵形。种子带翅。花期 4~6 月，果期为翌年 4~6 月。
　　分布：原产热带非洲和马达加斯加等地。中国广东、台湾、福建、海南等地有栽培。
　　生长习性：喜温暖气候，喜阳光，较耐旱，不耐寒；在湿润深厚肥沃和排水良好土壤中生长良好。抗风和抗大气污染能力强；适应性强，较易栽植，生长

较快，寿命长。
　　栽培繁殖：播种繁殖、扦插、高压或嫁接法，种子无休眠期，需随采随播。
　　观赏特性及园林用途：主干通直，粗壮，挺拔向上，气势雄伟，冠幅庞大，侧枝展开，冠形如伞，叶色翠绿，浓密有序，叶脉清晰，蔚然深秀，四季常青。常用作公园、庭园绿化树和行道树。适应性强，较易栽植，生长较快。

（摄影人：黄颂谊、丰盈）

● 苦楝

别名：楝树、苦苓、金铃子、栴檀、森树

Melia azedarach **L.**

楝科　楝属

　　形态：落叶乔木，高达 20 m。树皮灰褐色，纵裂，分枝广展，小枝有叶痕。叶为 2~3 回奇数羽状复叶，长 20~40 cm；小叶对生，卵形、椭圆形至披针形，顶生一片通常略大，长 3~7 cm，宽 2~3 cm，先端短渐尖，基部楔形或宽楔形，边缘有钝锯齿，侧脉每边 12~16 条。圆锥花序约与叶等长，花芳香；花两性，花瓣淡紫色，倒卵状匙形。核果球形至椭圆形，长 1~2 cm，宽 8~15 mm。花期 4~5 月，果期 10~12 月。

　　分布：广布于亚洲热带和亚热带地区；中国黄河以南各地也较常见。生于低海拔旷野、路旁或疏林中。

　　生长习性：喜温暖、湿润气候，喜光，不耐阴，较耐寒，华北地区幼树易受冻害。在酸性、中性和碱性土壤中均能生长，在盐渍地上也能良好生长。耐干旱、瘠薄，也能生长于水边；生性强健，萌芽力强，抗风，耐烟尘，抗二氧化硫和抗病虫害能力强。

　　栽培繁殖：扦插和播种繁殖为主。

　　病虫害：主要病虫害有溃疡病、褐斑病、丛枝病、花叶病、叶斑病、刺蛾、斑衣蜡蝉、星天牛等。

　　观赏特性及园林用途：树形优美，叶形秀丽，春夏之交满树淡紫色花朵，颇美丽，宜作庭荫树及行道树；生长迅速，加之耐烟尘、抗二氧化硫，是良好的城市及工矿区绿化树种，宜在草坪孤植、丛植，或配植于池边、路旁、坡地。

（摄影人：黄颂谊）

● 龙眼

别名：桂圆

***Dimocarpus longan* Lour.**

无患子科　龙眼属

形态：常绿乔木，高 10~20 m。树皮黄褐色，粗糙；幼枝被锈色柔毛，散生苍白色皮孔。一回羽状复叶，具小叶常 4~5 对；叶片薄革质，长圆状椭圆形至长圆状披针形，正面深绿色，有光泽，背面粉绿色，两面无毛。花序多分枝，顶生和近枝顶腋生，密被星状毛；花瓣乳白色。果近球形，通常黄褐色或有时灰黄色，外面稍粗糙，或少有微凸的小瘤体；种子茶褐色，全部被肉质的可食的假种皮包裹。花期春夏间，果期夏季。

分布：中国广东、海南、广西和云南；我国栽培的历史悠久，品种多。东南亚及澳大利亚、美国夏威夷州和佛罗里达州也有栽植。

生长习性：亚热带果树，喜高温多湿，温度是影响其生长、结实的主要因素，一般年平均温度超过 20℃ 的地方，均能使龙眼生长发育良好。耐旱、耐酸、耐瘠、忌浸，在红壤丘陵地、旱平地生长良好。栽培容易，管理方便，病虫害少，寿命长，产量高，经济收益大。

栽培繁殖：播种繁殖，以产果为目的，常用高空压条和嫁接繁殖法。用种子繁育砧木苗，嫁接优良品种。种子容易丧失发芽力，采种后，立即播种可提高种子发芽率。播种后要经常保持土壤湿润，幼苗及时摘顶，促主干增粗，2 年砧木苗可嫁接。嫁接用芽贴接法或舌接法。定植行株距一般 4 m。

病虫害：主要病虫害有毛毡病、椿象和华脊鳃金龟。

观赏特性及园林用途：春开白花，成实于仲夏。果实累累而坠，外形圆滚，极具观赏趣味。适用于庭园、公园、风景区、森林公园配植。优良的蜜源植物；为华南地区的重要果树。

（摄影人：李鹏初、黄颂谊）

● 复羽叶栾树

别名：灯笼树、摇钱树

***Koelreuteria bipinnata* Franch.**

无患子科　栾树属

观赏特性及园林用途：春季嫩叶多呈红色，夏叶浓绿色，花黄满树，国庆节前后其蒴果的膜质果皮膨大如小灯笼，颜色从淡红到深红，成串挂在枝顶，如同花朵，观赏价值极高；有较强的抗烟尘能力，是城市绿化理想的观赏树种，可作庭荫树、风景树、行道树。

（摄影人：黄颂谊）

形态：落叶乔木，高 7~20 m。树皮幼时暗灰色，略粗糙，呈片状浅裂或剥落；小枝及叶柄有皮孔。叶二回羽状复叶；叶轴和叶柄向轴面常有一纵行皱曲的短柔毛；小叶 9~17 片，纸质或近革质，斜卵形，边缘有内弯的小锯齿。圆锥花序大型，长 35~70 cm；花小，黄色。蒴果椭圆形或近球形，具 3 棱，淡紫红色，老熟时褐色，顶端钝或圆，有小凸尖，果瓣椭圆形至近圆形，外面具网状脉纹。花期 7~9 月，果期 8~10 月。

分布：中国广东、云南、贵州、四川、湖北、湖南、广西等地；生于海拔 400~2 500 m 的山地疏林中。

生长习性：阳性，耐寒，耐干旱，抗风，抗大气污染生长迅速，萌芽力强。

栽培繁殖：播种繁殖。种皮坚硬，不易透水，最好秋播或沙藏层积。

● 台湾栾树

别名: 苦苓舅、拔仔鸡油、木栾仔、五色栾华、四色树

***Koelreuteria elegans* (Seem.) A. C. Smith subsp. *formosana* (Hayata) Meyer**

无患子科　栾树属

形态: 羽片下部小叶或有分裂成 2~3 片，小叶片上面无光泽，基部极偏斜，边缘有重锯齿，背面脉腋有束毛；花瓣 4 片。其他与复羽叶栾树基本相同。

分布: 中国台湾特有植物。广东、福建闽南地区也有栽培。

生长习性: 喜光，速生，适生于石灰岩山地。

栽培繁殖: 播种或扦插繁殖，春季为适期。栽培土质以肥沃湿润的土壤为佳，日照需良好。生长快速，耐干旱，不耐阴，最好定植在日照充足之处。

病虫害: 主要病虫害有流胶病、蚜虫、黑点豹蠹蛾、桃红颈天牛。

观赏特性及园林用途: 盛花时满树金黄，蒴果成熟时红果累累，是优良的观花、观果树种，可孤植或丛植，可作景观树、庭荫树、行道树。

（摄影人：李鹏初、黄颂谊）

● 荔枝

别名：丹荔、丽枝、离枝、火山荔、勒荔、荔支
Litchi chinensis **Sonn.**

无患子科　荔枝属

　　形态：常绿乔木，高达 15 m。树冠广阔，枝多拗曲，树皮灰黑色。偶数羽状复叶互生；小叶 2 或 3 对，较少 4 对，薄革质或革质，披针形、卵状披针形或长椭圆状披针形，叶面深绿色，背面粉绿色，两面无毛。花序顶生，多分枝；雌雄同株异花，雌花和雄花着生在同一花穗上。果卵圆形至近球形，长 2~3.5 cm，成熟时通常暗红色至鲜红色，果皮有鳞斑状突起。花期春季，果期夏季。

　　分布：中国南部的热带亚热带地区，是中国南部有悠久栽培历史的著名果树，尤以广东和福建南部栽培最盛。亚洲东南部也有栽培，非洲、美洲和大洋洲都有引种的记录。

　　生长习性：喜光喜暖热湿润气候及富含腐殖质之深厚、酸性土壤，怕霜冻。

　　观赏特性及园林用途：四季常绿，春实夏熟。适用于庭园、公园、风景区、森林公园配植，为新叶有色类夏季观果类树种，可配置遮阴树；尤其适宜用作园林植物造景，或辟建荔枝园。

（摄影人：黄颂谊）

191

● 无患子

别名：黄金树、洗手果、苦患树、油患子、肥珠子、肥皂树

***Sapindus mukorossi* Gaertn.**

无患子科　无患子属

　　形态：落叶乔木，高 10~15 m。树皮灰褐色或黑褐色，小枝密生皮孔。偶数羽状复叶，小叶 5~8 对；叶片薄纸质，长椭圆状披针形。圆锥形花序顶生；花小，辐射对称；萼片卵形或长圆状卵形，花瓣 5，披针形。核果近球形，直径 2~2.5 cm，橙黄色。花期春季，果期夏秋。

　　分布：中国长江以南各地；中南半岛及印度和日本也有分布。华南地区有栽培。

　　生长习性：喜光，稍耐阴，耐寒能力较强。对土壤要求不严，深根性，抗风力强。不耐水湿，能耐干旱。萌芽力弱，不耐修剪。生长较快，寿命长。对二氧化硫抗性较强。

　　栽培繁殖：播种繁殖，以点播为宜，于春末夏初进行。

　　病虫害：病虫害较少，种子发芽期重点防治地下害虫，小苗期重点防治天牛。

　　观赏特性及园林用途：树干通直，树冠广展，枝叶稠密。到了冬季，满树叶色金黄，故又名黄金树。到了 10 月，果实累累，橙黄美观，是优良观叶、观果树种。

　　（摄影人：刘念、黄颂谊、陈峥）

● 伯乐树

别名：钟萼木、山桃花

***Bretschneidera sinensis* Hemsl.**

伯乐树科　伯乐树属

　　形态：落叶乔木，高 10~20 m。树皮灰褐色，小枝明显的皮孔。奇数羽状复叶；小叶 7~15 片，纸质或革质，狭椭圆形、长圆状披针形或卵状披针形，多少偏斜，全缘，正面绿色，背面灰白色。花序长 20~36 cm; 总花梗、花萼外面有棕色短绒毛；花淡红色，直径约 4 cm; 花瓣阔匙形或倒卵楔形，顶端圆钝，内面有红色纵条纹。蒴果木质，椭圆球形，有黄褐色小瘤体；种子椭圆球形，平滑。花期 3~9 月，果期 5 月至翌年 4 月。

　　分布：中国特有种，国家 II 级保护植物。产于中国长江以南各地。生长于海拔 500~1 600 m 的山地疏林或沟谷常绿阔叶林内。

　　生长习性：喜温凉、多云雾潮湿气候；喜酸性，pH 值 4.5~6.0 土壤；为中性偏阳树种，幼年耐阴，深根性，抗风力较强，稍耐寒，不耐高温。

　　栽培繁殖：以播种繁殖为主。宜随采随播，幼苗期需遮阳。

　　观赏特性及园林用途：树姿挺拔，雄伟高大，绿荫如盖，主干通直，花形大，色艳丽，蒴果红褐色，观花、观果效果好，观赏价值高。根系发达，适应性强，可选作低山营造混交林。

（摄影人：曾庆文）

● 鸡爪槭

Acer palmatum Thunb.

槭树科　槭属

形态：落叶小乔木，高 5~10 m。小枝细瘦，当年生枝紫色或淡紫绿色，多年生枝淡灰紫色或深紫色。叶纸质，基部心脏形或近于心脏形稀截形，5~9 掌状分裂，裂片长圆卵形或披针形，边缘具紧贴的尖锐锯齿。花紫色，杂性，雄花与两性花同株，生于无毛的伞房花序，叶发出以后才开花。翅果嫩时紫红色，成熟时淡棕黄色；小坚果球形。花期 5 月，果期 9 月。

分布：中国山东、河南南部、江苏、浙江、安徽、江西、湖北、湖南、贵州等地，生于海拔 200~1 200 m 的林边或疏林中。广东、广西等地有栽培。

生长习性：耐半阴；较耐干旱；不耐高温，对二氧化硫和烟尘抗性较强。

栽培繁殖：可种子繁殖和嫁接繁殖。一般原种用播种法繁殖，而园艺变种常用嫁接法繁殖。

观赏特性及园林用途：树姿婆娑，叶形秀丽，入秋叶色变红；嫩果红艳，似飞舞的蜻蜓栖落枝头。可孤植、丛植，作园路树、庭园树，专类园；可植于山麓、湖畔展现潇洒、婆娑的绰约风姿，配以山石，具有古雅韵味。

（摄影人：黄颂谊）

● 人面子

别名：人面树、银莲果

Dracontomelon duperreanum Pierre

漆树科　人面子属

　　形态：常绿乔木，高 20~35 m，胸径可达 1 m 以上。奇数羽状复叶，小叶 5~7 对；小叶近革质，长圆形，自下而上逐渐增大，侧脉和细脉两面突起。圆锥花序顶生或腋生，疏被灰色微柔毛；花小，直径约 5 mm，白色，芳香；花瓣披针形或狭长圆形，具 3~5 条暗褐色纵脉。核果球形，直径 2.5~3.5 cm，熟时黄色，果肉"中果皮"白色、黏质、味酸甜，果核"内果皮"坚硬、褐色，近扁圆形，周边压扁，中间凸起，呈 3 个凹凸状，酷似人的面孔，故名人面子。花期 5~6 月，果熟期 9~10 月。

　　分布：中国广东、广西和云南。生于海拔 (93~)120~350 m 的平原、丘陵、村旁、河边、池畔等处。

　　生长习性：喜阳、高温、湿润气候，不耐寒；生长迅速慢，寿命长。

　　栽培繁殖：播种可撒播、条播和点播。宜生于深厚、肥沃的酸性土。

　　病虫害：目前尚未发现较严重病虫害。

　　观赏特性及园林用途：树冠宽广，端正饱满，枝叶浓密，叶色浓绿，甚为美观，是庭园绿化的优良观赏树种，可作行道树、庭荫树。

（摄影人：黄颂谊、陈峥、丰盈）

● 芒果

别名： 杧果、马蒙、抹猛果、莽果、望果、蜜望、蜜望子

Mangifera indica **L.**

漆树科　芒果属

形态： 常绿乔木，高 10~20 m。叶薄革质，常集生枝顶，长圆形或长圆状披针形，长 12~30 cm，先端渐尖或急尖，基部楔形或近圆形，侧脉 20~25 对，两面突起。圆锥花序长 20~35 cm，多花密集，被灰黄色微柔毛；花瓣长圆形或长圆状披针形，开花时外卷。核果，近卵形或因品种而异，品种多，直径 4~10 cm，熟时黄色，肉质多汁味甜。花期 12 月至翌年 4 月，果熟期 5~9 月。

分布： 原产印度、中南半岛及马来群岛。中国南部栽培历史久远。

生长习性： 喜光，喜温暖，不耐寒霜。最适生长温度为 25℃~30℃，低于 20℃生长缓慢，低于 10℃叶片、花序会停止生长。对土壤要求不严，在海拔 600 m 以下的地区均可栽培。但以土层深厚，地下水位低于 3 m 以下，排水良好，微酸性的壤土或砂壤土为好。抗风，抗大气污染。

栽培繁殖： 播种、嫁接、空中压条及扦插繁殖，其中嫁接法较常用。

病虫害： 芒果炭疽病为害嫩梢、花序和果实，湿度高时易发病，高温多雨季节尤甚。还有细菌性黑斑病和芒果灰斑病。主要虫害有横纹尾夜蛾、扁喙叶蝉、小实蝇和吸果夜蛾。

观赏特性及园林用途： 四季常青，树冠球形，郁闭度大，新叶为红色，老叶为绿色，层次丰富。花淡黄色，有芳香。果实色、香、味俱佳，形色美艳，极具观赏价值，是热带良好的庭园和行道树种。

（摄影人：黄颂谊）

● 扁桃

别名：酸果、天桃木

Mangifera persiciformis C. Y. Wu et T. L. Ming

漆树科　芒果属

　　形态：高大常绿乔木，高达 30 m。树冠扁球形，干通直，根系深。形态特征与芒果近似，其主要区别点：高大；树皮浅纵裂；叶较小、较薄、较平直，狭矩圆披针形，侧脉较密，且在叶上面平滑而下面凸起，基部楔形，先端渐尖或急尾尖，紫红色嫩叶不及芒果明显，叶柄膨大处长 1.5 cm；果肉较薄，果核有浅沟。

　　分布：中国云南、贵州、广西。生于海拔 290~600 m 地区。广东多地有栽培。

　　生长习性：喜光，稍耐阴；喜温暖、湿润气候，不耐寒，当气温降至 8℃以下即停止生长。对土壤适应性较强，以肥沃、深厚的酸性砂质土壤为佳。抗风及抗大气污染能力强；自然整枝性能佳。

　　栽培繁殖：播种、嫁接、空中压条及扦插繁殖，其中嫁接法较常用。

　　病虫害：主要病虫害有炭疽病、细菌性黑斑病、灰斑病、横纹尾夜蛾、扁喙叶蝉、小实蝇和吸果夜蛾。

　　观赏特性及园林用途：树干笔直，高大，树冠紧密浑圆，枝叶紧密，叶色浓绿，花开时清丽芳香；夏果丰硕，为华南地区优良的城市绿化树种。常配植为遮阴树、行道树。

（摄影人：黄颂谊、时波）

● 喜树

别名： 旱莲、水栗、水桐树、天梓树、千丈树、水漠子

***Camptotheca acuminata* Decne.**

珙桐科　喜树属

形态： 落叶乔木，高 10~20 m。树皮灰色或浅灰色，纵裂成浅沟状。叶纸质，矩圆状卵形或矩圆状椭圆形，顶端短锐尖，基部近圆形或阔楔形，全缘。花单性，同株；头状花序近球形，常由 2~9 个头状花序组成圆锥花序，顶生或腋生，通常上部为雌花序，下部为雄花序。翅果矩圆形，顶端具宿存的花盘，两侧具窄翅，幼时绿色，着生成近球形的头状果序。花期 5~7 月，果期 9 月。

分布： 中国广东、广西、云南、贵州、四川、湖北、湖南、江西、浙江、福建等地，常生于海拔 1 000 m 以下的林边或溪边。中国特有种，国家 II 级保护植物。

生长习性： 喜温暖湿润，不耐严寒和干燥，在酸性、中性、碱性土壤中均能生长，在石灰岩风化的钙质土壤和板页岩形成的微酸性土壤中生长良好，萌芽性强，较耐水湿，在湿润的河滩沙地、河湖堤岸以及地下水位较高的渠道埂边生长都较旺盛。

栽培繁殖： 种子繁殖为主。苗圃地宜选择气候温和、雨量充沛、土层厚度 80 cm 以上的黄壤土。育苗前，需经秋季翻耕培肥，翌年春耙地，及时平整，做到深耕细整，作床。床面要求平整土壤细碎，并消毒。

观赏特性及园林用途： 树形高耸，树冠宽展，枝叶茂密，叶荫浓郁，是良好的绿化树种，宜作庭荫树和行道树，可与其他树混植。可广泛用于河流沿岸、库塘和农田的防护林建设。

（摄影人：丰盈）

● 澳洲鸭脚木

别名： 伞树、大叶伞、昆士兰伞木、辐叶鹅掌柴

Schefflera actinophylla (Endl.) Harms

五加科　鹅掌柴属

形态： 常绿小乔木，高可达 5 m。茎秆直立，干光滑，少分枝，初生嫩枝绿色，后呈褐色，平滑，逐渐木质化。叶为大型掌状复叶，小叶数随树木的年龄而异，幼年时 3~5 片，长大时 9~12 片，至乔木状时可多达 16 片。小叶片椭圆形，有短突尖，叶缘波状，革质，长 20~30 cm，宽 10 cm，叶面浓绿色。有光泽，叶背淡绿色。叶柄红褐色，长 5~10 cm。复总状花序近顶生，长达 50 cm；花小型密集，红色。

分布： 原产大洋洲及巴布亚新几内亚。中国华南地区有栽培。

生长习性： 喜温暖湿润、通风和光照，也很耐阴，适于排水良好、富含有机质的砂质壤土。生长适温 20℃~30℃。

栽培繁殖： 可播种或扦插繁殖，播种应随采随播。扦插在初夏结合修剪进行，剪取一二年生枝条为 10 cm 左右，带 2~3 节的茎段，扦插后 1 个月左右可生根。以带有木质化的二年生枝条，或长枝带踵扦插培育，生根快。

病虫害： 在高温、日灼、施肥不当及根系发育不良时易产生炭疽病，应注意防治。其他有煤污病和蚜虫、介壳虫、红蜘蛛等病虫危害。

观赏特性及园林用途： 四季常青，植株丰满优美，叶片阔大，柔软下垂，形似伞状，大型的复总状花序顶生、花色红，具有较高的观赏价值。可用于道路绿化，尤其适合林缘、桥底等比较荫蔽环境下的绿化种植，也可修剪制作成大型盆栽植物，用于室内摆设。

（摄影人：李鹏初、黄颂谊）

● 幌伞枫

别名：罗伞树、富贵树、大富贵、广伞枫、大蛇药、五加通、凉伞木

Heteropanax fragrans (Roxb.) Seem.

五加科　幌伞枫属

形态：常绿乔木，高 8~30 m。树皮暗灰色，纵裂。树冠圆伞形。叶大，通常三至四回羽状复叶；小叶革质，椭圆形或卵形，先端尾尖，基部宽楔形或近圆形，两面有光泽；叶柄基部膨大。花序由多数伞形花序排成圆锥花序状，顶生及腋生，被星状毛；花小，淡黄白色，芳香。核果状浆果，近球形，熟时黑色。花期 10~12 月，果熟期翌年 2~3 月。

分布：中国广东、广西、福建、云南等地；印度、孟加拉国和印度尼西亚也有分布。生于海拔 1 000 m以下地区。

生长习性：喜光，喜温暖、湿润气候；亦耐阴，不耐寒，能耐 5℃~6℃低温及轻霜，不耐 0℃以下低温。较耐干旱、贫瘠，在肥沃和湿润的土壤上生长更佳。萌生力强。对大气污染和酸雨的抗性强。

栽培繁殖：可播种和扦插繁殖，以播种繁殖为主。种子无休眠习性，可随采随播。采用条播，覆土约 1 cm。在气温 27℃左右，播种 20 天子叶带壳出土，一年生苗木可以出圃。

病虫害：较少有病虫害。

观赏特性及园林用途：树冠圆整，树形端正，枝叶繁茂，羽叶巨大，单干生长未分枝前，树冠形如罗伞，颇为奇特，为优美的观赏树种。大树可作庭荫树及行道树，幼年植株也可盆栽观赏，置大厅，大门两侧，可展示热带风情。在庭院中可孤植，也可片植。

（摄影人：黄颂谊、陈峥）

● 人心果

别名： 吴凤柿、赤铁果、奇果

Manilkara zapota (L.) van Royen

山榄科　铁线子属

形态：常绿乔木，高 10~20 m。小枝茶褐色，具明显的叶痕，具白色乳胶汁。叶密聚于枝顶，革质，长圆形或卵状椭圆形先端急尖或钝。花 1~2 朵生于枝顶叶腋，密被黄褐色或锈色绒毛；花冠白色，花冠裂片卵形，先端具不规则的细齿，背部两侧具 2 枚等大的花瓣状附属物。浆果卵形或球形，长 4 cm 以上，褐色，果肉黄褐色。花果期 4~9 月。

分布：原产墨西哥犹卡坦州和中美洲地区，美洲热带地区。东南亚各国和印度等有栽培。我国于 20 世纪初引入栽培，主要见于广东、云南、广西、福建、海南、台湾等地。

生长习性：喜高温和肥沃的砂质壤土，适应性较强，大树在 -3℃ 仍能安全过冬，在肥力较低的黏质土壤也能正常生长发育。在 11℃~31℃ 都可正常开花结果，根系深，很耐旱，较耐贫瘠和盐分。

栽培繁殖：播种和圈枝繁殖。在 9~10 月果实成熟时，剥去果肉取出种子阴干，留翌年春播。压条宜在春季气温回升至 20℃ 以上时进行，在 1~2 年生枝条按 3~4 cm 宽度环剥，然后用以稻草沤制的肥土包扎，经常保持土团湿润，约 2 个月可形成新根。栽后 4~5 年可结果。

病虫害：主要虫害有介壳虫。

观赏特性及园林用途：树形整齐，果实形状奇特，树冠长成圆形或塔形，适宜作庭荫树，是良好的结合生产的热带园林树种。

（摄影人：陈峥、周金玉）

● 伊朗紫硬胶

别名：香榄、牛乳树

Mimusops elengi **L.**

山榄科　香榄属

　　形态：常绿乔木，高达 10 m。树冠伞状。单叶互生，薄革质，卵形或椭圆状卵形，长 10~15 cm，宽 5~7 cm，顶端钝头，叶两面均光亮。花常簇生于叶腋，白色，芳香。浆果卵状，橙黄色，长 2.5~3 cm，似奶牛的乳头，俗称牛乳树。种子 1 枚，长 2~2.5 cm。花期 1~10 月，果熟期 2~4 月。

　　分布：原产印度、越南至马来西亚等地。中国海南、广东、香港和台湾有栽培。

　　生长习性：喜光，喜高温高湿气候，适应性强。在光照充足和土层疏松的砂壤土中生长良好。

　　栽培繁殖：播种繁殖为主，种子采收后将种子硬壳打破，马上播种，可以直播造林或植苗造林。

　　观赏特性及园林用途：树形紧凑浓密，叶色翠绿，四季常绿，花有幽香，可作园景树和行道树。抗大气污染力强，是城市园林和工厂用树。

（摄影人：李鹏初、黄颂谊）

● 白蜡树

别名：中国蜡、虫蜡、川蜡、黄蜡、蜂蜡、青榔木、白荆树

***Fraxinus chinensis* Roxb.**

木犀科　梣属

　　形态：落叶乔木，高 10~12 m。树皮灰褐色，纵裂。小枝黄褐色，粗糙。羽状复叶长 15~25 cm；小叶 5~7 枚，硬纸质，卵形、倒卵状长圆形至披针形，顶生小叶与侧生小叶近等大或稍大，叶缘具整齐锯齿。圆锥花序顶生或腋生枝梢；花雌雄异株；雄花密集，无花冠；雌花疏离，花萼大。翅果匙形，上中部最宽，常呈犁头状，基部渐狭，翅下延至坚果中部，坚果圆柱形。花期 4~5 月，果期 7~9 月。

　　分布：中国分布广泛，北至东北中部，南达广东、广西、福建；越南、朝鲜也有分布。生于海拔 800~1 600 m 山地杂木林中。

　　生长习性：喜光树种。喜深厚较肥沃湿润的土壤，常见于平原或河谷地带，较耐轻盐碱性土。生长较快，生命力强。

　　栽培繁殖：播种或扦插繁殖。春、秋两季均可栽植。栽植时苗根要舒展，踏实，扶正。要选择土层比较深厚的壤土、砂壤土或腐殖质土作造林地。

　　病虫害：主要虫害有白蜡蚧、卷叶虫和天牛。

　　观赏特性及园林用途：叶片为羽状复叶，春季嫩梢紫红泛绿，娇翠欲滴。夏季老叶墨绿革质，华盖绿荫，郁郁葱葱。树干通直，常作行道树及固沙树种。也可于庭园孤植、丛植。由于其优美的形态，也适合于制作盆景。

（摄影人：　叶育石）

● 女贞

别名： 蜡树、女桢、桢木、将军树

***Ligustrum lucidum* Ait.**

木犀科　女贞属

形态：常绿乔木，高达 10 m。树皮灰绿色，枝具明显皮孔。叶革质，卵形、长卵形或椭圆形至宽椭圆形，叶缘平坦，上面光亮，两面无毛。圆锥花序顶生，长 8~20 cm，花序轴及分枝轴紫色或黄棕色；花序基部苞片常与叶同型；花白色，花冠 4 裂。果肾形或近肾形，长 7~10 mm，深蓝黑色，成熟时红黑色，被白粉。花期 5~7 月，果期 7 月至翌年 5 月。

分布：中国长江以南至华南、西南各地，向西北分布至陕西、甘肃；朝鲜也有分布。生于海拔 2 900 m 以下的林中。印度、尼泊尔有栽培。

生长习性：耐寒性好，耐水湿，喜温暖湿润气候，喜光耐阴。为深根性树种，须根发达，生长快，萌芽力强，耐修剪，但不耐瘠薄。对大气污染的抗性较强，对二氧化硫、氯气、氟化氢及铅蒸气均有较强抗性，也能忍受较高的粉尘、烟尘污染。对土壤要求不严，以砂质壤土或黏质壤土栽培为宜。

栽培繁殖：播种和扦插繁殖，容易成活，生长迅速。选择背风向阳、土壤肥沃、排灌方便、耕作层深厚的壤土、砂壤土、轻黏土播种。

病虫害：主要病虫害有锈病、立枯病、袋蛾、霜天蛾和乌桕黄毒蛾等。

观赏特性及园林用途：四季常绿，树形婆娑，枝叶茂密，是园林中常用的观赏树种，可于庭院孤植或丛植，亦作为行道树。因其适应性强，生长快又耐修剪，也用作绿篱。还可作为桂花、丁香的砧木。

（摄影人：黄颂谊、陈峥）

● 桂花

别名：木犀、岩桂、九里香、金粟
***Osmanthus fragrans* (Thunb.) Lour.**
木犀科　木犀属

　　形态：常绿乔木，高 5~10 m。树皮散生圆形凸起皮孔。树冠广卵形或扁球形。叶片革质，倒卵形至长椭圆形，先端渐尖或短尖，基部楔形，边缘上半部有锯齿。花数朵于叶腋或老枝上簇生，1~2 束，伞形花序状，花序轴短，花梗纤细弯垂，长 4~10 mm；花小，芳香；花冠 4 裂，黄白色或淡黄色。核果椭圆形，熟时蓝黑色。花期 9~11 月，果翌春成熟。

　　分布：中国西南部和中部；印度、尼泊尔、柬埔寨也有分布。全国各地广为栽培。

　　生长习性：性喜温暖，亦较耐寒，喜光而耐半阴，不耐干旱和盐碱，忌积水，对酸雨和大气污染的抗性较强。

　　栽培繁殖：可压条、扦插、分株和播种繁殖。春季或秋季的阴天或雨天栽植最好，移栽要带土球。

　　病虫害：主要病害有褐斑病、桂花枯斑病、炭疽病。

　　观赏特性及园林用途：终年常绿，枝繁叶茂，秋季开花，芳香四溢，可孤植、丛植或群植成团，可种植成绿篱，可盆栽。在中国古典园林中，常与建筑物、山、石配植，以丛生灌木型的植株植于亭、台、楼、阁附近。旧式庭园常用对植，古称"双桂当庭"或"双桂留芳"。在住宅四旁或窗前栽植桂花树，能收到"金风送香"的效果。在校园取"蟾宫折桂"之意，也大量的种植桂花。

（摄影人：李鹏初、黄颂谊）

● 糖胶树

别名： 象皮树、灯架树、黑板树、乳木、魔神树、面条树

Alstonia scholaris (L.) R. Br.

夹竹桃科　鸡骨常山属

形态： 常绿乔木，高 10~30 m。枝轮生，具乳汁。叶 6~10 片轮生，倒卵状长圆形、倒披针形或匙形，稀椭圆形，长 7~28 cm。花白色，多朵组成稠密的聚伞花序，顶生，被柔毛；花冠高脚碟状，裂片在花蕾时或裂片基部向左覆盖，长圆形或卵状长圆形。蓇葖果双生，圆条形，长 20~57 cm，外果皮近革质，灰白色。种子红棕色，长圆形，两端被红棕色长缘毛。花期 6~11 月，果期 10 月至翌年 4 月。

分布： 中国广西、云南；尼泊尔、印度、斯里兰卡、菲律宾和澳大利亚热带地区也有分布。生于海拔 650 m 以下的低丘陵山地疏林中、路旁或水沟边。华南和台湾等地常见栽培。

生长习性： 喜湿润肥沃土壤，在水边生长良好，能耐 5℃~10℃低温，抗风，抗大气污染能力强。

栽培繁殖： 播种或扦插繁殖。pH 值趋于中性有利于植株生长，增施有机肥，提高土壤有机质含量和 pH 值是高效栽培的一项重要技术措施。

病虫害： 主要虫害有绿翅绢野螟、圆盾蚧、木虱。

观赏特性及园林用途： 树形美观，枝叶常绿，生长有层次如塔状，果实细长如面条，是良好的行道树和园景树。可孤植、对植、列植、群植。

附注：糖胶树与盆架子的主要区别如下。

糖胶树：单叶通常 6~10 枚轮生，倒卵状长圆形、倒披针形至匙形，叶尖圆，具白乳汁。花具浓郁气味。

盆架子：单叶 3~4 枚轮生，窄椭圆形，叶尖渐尖或急尖。

（摄影人：黄颂谊、陈峥）

● 海杧果

别名：黄金茄、牛金茄、牛心荔、山杭果、
香军树、山样子

Cerbera manghas **L.**

夹竹桃科　海杧果属

　　形态：常绿乔木，高 4~8 m。全株具丰富乳汁。
叶片厚纸质，倒卵状长圆形、稀长圆形，无毛。聚伞
花序顶生，总梗粗，长 5~21 cm；花白色，芳香。核
果双生或单个，椭圆形或卵圆形，似杧果，黄绿色，
成熟后变红色。花期 3~10 月，果期 7 月至翌年 4 月。
　　分布：中国广东南部、广西南部、海南和台湾，
以海南分布为多；亚洲和澳大利亚热带地区也有分布。
　　生长习性：耐热、耐旱、耐湿、耐碱、耐阴、抗风，
生长快，易移栽。
　　栽培繁殖：以扦插为主，也可播种、压条繁殖。
扦插在春、夏季均可进行，扦插前将插穗基部浸入清

水中 7~10 天，保持浸水新鲜，如全用水插，易生根。
压条可于雨季进行，播种可于春末进行，成苗率较高。
　　观赏特性及园林用途：花白色，中央略带淡红色，
美丽而娇艳，并散发着茉莉香味，叶深绿色，树冠美
观，可作庭园、公园、道路绿化、湖旁周围栽植观赏。
喜生于海边，是一种较好的防潮树种。其茎、叶、果
均含有剧毒的白色乳汁，人、畜误食能中毒致死。

（摄影人：黄颂谊）

● 红鸡蛋花

Plumeria rubra L.
夹竹桃科　鸡蛋花属

　　花红色，美观，但其花香气略逊于鸡蛋花。其他特征、特性、用途与鸡蛋花同。

（摄影人：黄颂谊、陈峥）

● 鸡蛋花

别名：缅栀子、蛋黄花、印度素馨、大季花

Plumeria rubra L. 'Acutifolia'

夹竹桃科　鸡蛋花属

　　形态：落叶小乔木，高 4~8 m。有乳汁。枝条粗壮，肉质，具近圆形的叶柄痕迹。树冠扁球形。叶片厚纸质，长圆状倒披针形，长 13~42 cm，先端渐尖，基部楔形，全缘；叶柄粗壮，长约 7 cm。聚伞花序顶生或于近枝端腋生；花芳香，花冠漏斗状，直径约 7 cm，5 裂，裂片倒长卵形，向左旋覆盖，外部白色，内部黄色。蓇葖果，双生叉开，长圆锥形，栽培罕见结果。花期 4~11 月，果期 6~12 月。

　　分布：原产墨西哥和巴拿马。世界热带和亚热带地区广植。

　　生长习性：性喜光和高温湿润气候，不耐寒，遇 5℃~10℃ 持续低温时嫩枝和叶受害；耐干旱，忌涝。生长迅速。荫蔽环境下枝条徒长，开花少或长叶不开花；在荫蔽湿润环境下，枝条上会长出气生根。

　　栽培繁殖：常用扦插或高压法繁殖，极易成活，防止过湿，以防烂根。适宜鸡蛋花栽植的土壤以深厚肥沃、通透良好、富含有机质的酸性砂壤土为佳，花量大，花色鲜艳。

　　病虫害：主要虫害有介壳虫、粉虱和蚜虫。

　　观赏特性及园林用途：夏季开花，清香优雅。落叶后，光秃的树干弯曲自然，其状甚美。在园林布局中可进行孤植、丛植、临水点缀等多种配置使用，深受人们喜爱，广泛应用于公园、庭院、绿带、草坪等的绿化、美化。

（摄影人：黄颂谊）

● 团花

别名：黄梁木

Neolamarckia cadamba (Roxb.) Bosser

茜草科　团花属

形态：常绿或半落叶大乔木，高 20~30 m。树干通直，基部略有板状根；枝平展，嫩枝四棱形，褐色，老枝圆柱形，灰色。叶对生，薄革质，椭圆形或长圆状椭圆形，长 15~25 cm，宽 7~13 cm，顶端短尖，基部圆形或截形，萌蘖枝的幼叶长 40~60 cm，宽 15~30 cm，基部浅心形，叶面有光泽，叶背无毛或被稠密短柔毛；托叶披针形，两片合生包被顶芽。头状花序单个顶生，球形，直径 4~5 cm；花小，黄白色。聚花果，果序球形，肉质，直径 3~4 cm。花果期 6~11 月。

分布：中国广东、广西和云南；越南、马来西亚、缅甸、印度和斯里兰卡也有分布。生于山谷溪旁或杂木林下。

生长习性：喜光，喜高温高湿，喜雨量充足，湿度大的地区。幼苗忌霜冻，大树能耐 0℃左右低温及轻霜。深根性树种，枝疏叶大，侧根发达，易种易管。树干通直，生长迅速。

栽培繁殖：播种繁殖。种子根据不同地区成熟期也不同，当球果由绿色变成浅黄色时即可采集，成熟后的种子鸟兽喜食，应适时采收。种子细小，适宜随采随播，温度高时还需要架设遮阴棚，温度低时要注意保温。

病虫害：主要病害有立枯病、猝倒病和茎腐病。

观赏特性及园林用途：树形美观，树干挺拔，笔直而雄健，叶片大而光亮，天然枝形良好。可孤植、丛植。常作行道树。

（摄影人：黄颂谊）

● 珊瑚树

别名：早禾树、日本珊瑚树、极香、荚蒾

***Viburnum odoratissimum* Ker-Gawl.**

忍冬科　荚蒾属

形态：常绿灌木或小乔木，高 3~10 m。叶对生，革质，椭圆形、矩圆状倒卵形至倒卵形，或有时近圆形，叶面深绿色有光泽，叶背有时散生暗红色微腺点，脉腋常有集聚簇状毛和趾蹼状小孔。圆锥花序顶生或生于侧生短枝上，无毛或散生簇状毛；花芳香，通常生于序轴的第二至第三级分枝上；花冠白色，后变黄白色，有时微红。核果，熟时红色。花期 4~5 月，果熟期 7~9 月。

分布：中国广东、广西、海南、湖南、福建和香港等地；印度、越南、泰国、缅甸也有分布。生于海拔 200~1 300 m 山谷密林中溪涧旁庇荫处、疏林中向阳地或平地灌丛中。

生长习性：喜光且耐半阴，喜温暖湿润气候，不耐寒和干旱。萌生力强，耐修剪。抗二氧化硫和酸雨的能力强。在潮湿、肥沃的中性土壤中生长迅速旺盛，能适应酸性或微碱性土壤。

栽培繁殖：扦插或播种繁殖。扦插全年均可进行，以春、秋两季为好。8 月采种，秋播或冬季沙藏翌年春播，播后 30~40 天即可发芽生长成幼苗。

病虫害：主要病虫害有根腐病、黑腐病、叶斑病、角斑病、蚧类和刺蛾类。

观赏特性及园林用途：枝叶扶疏，叶翠花香；夏秋间，红色小果缀满枝头，赏心悦目。又因其对大气污染具有较强的抗性，可防火，是工厂、仓库和加油站绿化的理想树种。其枝有韧性且耐修剪整形，适作高篱或绿墙配置和一般道路绿化。

（摄影人：黄颂谊、周金玉）

● 叉叶木

别名：十字架树、叉叶树、三叉木

***Crescentia alata* H. B. K.**

紫葳科　葫芦树属

　　形态：常绿小乔木，高 3~6 m。树形不整齐，主枝开阔伸展，叶簇生于小枝上。小叶 3 枚，三叉状，长披针形至倒匙形；叶柄长 4~10 cm，具阔翅。花 1 至 2 朵直接生于主枝或老枝上。夏季开花繁多，秋季有少量花开，与果实同树，花萼焰苞状 2 裂达基部，淡紫色。花冠钟状，具有紫褐色斑纹。果直径 5~7 cm，着生茎干上，近球形，淡绿色，向阳面常为紫红色，光滑不开裂。花期夏季。

　　分布：原产墨西哥至哥斯达黎加。中国广东、福建、云南有栽培。菲律宾、印度尼西亚及大洋洲广泛栽培。

　　习性：喜温暖、湿润的环境，生长适温 20℃~30℃。对土壤要求不严，栽培土质以疏松、肥沃的砂质壤土为佳，排水、日照须良好。抗风力强。

　　栽培繁殖：可播种、扦插和压条繁殖。3~4 月播种，实生苗需 4~5 年开花。扦插繁殖成活率较低；压条繁殖，3~4 个月生根，移栽时要带土球。

　　病虫害：抗性强，较少发生病虫害。

　　观赏特性及园林用途：老茎开花，花大而奇特，叶形独特，果期长，硕大的果实挂在树干上，煞是壮观，观赏性强，可用来布置公园、庭院、风景区和高级别墅区等，可孤植或丛植。

（摄影人：黄颂谊）

● 蓝花楹

Jacaranda mimosifolia **D.Don**

紫葳科　蓝花楹属

栽培繁殖：可播种、扦插、组织培养繁殖。

病虫害：病害较少，虫害主要有天牛。

观赏特性及园林用途：树冠伞形，枝叶轻盈飘逸，树姿优美，盛花期满树蓝花，雅丽清秀，连片种植开花时景色震撼，是优良的观花树种，热带、亚热带地区广泛栽作行道树、遮阴树和风景树。

（摄影人：李鹏初、陈峥）

形态：落叶乔木，高 8~20 m。叶对生，2 回羽状复叶，平展；羽片 20~22 对；小叶细小而紧密排列，8~26 对，纸质，长圆形或椭圆形，长 4~12 mm，宽 2~6 mm，顶端小叶较大，卵状披针形，先端钝而具小尖头，基部不对称，主脉居中，近无柄。圆锥花序顶生，长 25~40 cm，宽 15~25 cm；花紫蓝色。因其叶似楹树，故名蓝花楹。蒴果扁球形，直径约 5 cm。花期 4~6 月，果熟期 11~12 月。

分布：原产南美洲巴西等地。中国华南及云南、福建有栽培。

生长习性：喜温暖湿润、阳光充足的环境，能耐半阴；对土壤条件要求不严；不耐霜雪，气温低于 15℃生长停滞；若低于 3~5℃受冻害，夏季气温高于 32℃，生长受抑制。

● 紫花风铃木

Handroanthus impetiginosus (Mart. ex DC.) Mattos
紫葳科　风铃木属

形态：落叶乔木，花冠风铃状，花缘皱曲，花色紫蓝；花季时花多叶少，十分美丽。果实为蓇葖果，向下开裂。花期冬季，果期夏季。

分布：原产热带美洲，中国华南地区有栽培。

生长习性：喜高温高湿，阳光充足环境，生长适温为 20℃~30℃。

栽培繁殖：可用播种、扦插或高空压条法繁殖，但以春、秋季播种繁殖为主。栽培土质以富含有机质土壤或砂质土壤最佳。

常见病害：常见病害为叶斑病。

观赏特性及园林用途：树形优美，花风铃状，色彩紫红夺目，在冬天里显得格外明艳。四季景色不同，是优良的园林观赏植物。可在庭院、住宅小区、校园中种植，可孤植、丛植、列植、片植，连片种植可以营造紫色花海。

（摄影人：黄颂谊）

● 吊瓜树

别名：吊灯树、羽叶垂花

Kigelia africana (Lam.) Benth.

紫葳科　吊灯树属

形态：半常绿乔木，高达 10 m。主干粗壮，树冠广圆形。奇数羽状复叶，互对生或轮生，小叶 7~11 枚，近革质，羽状脉明显，椭圆形。圆锥花序长而悬垂，长达 1 m 左右；花橘黄色或褐红色，有特殊气味。花冠上唇 2 片较小，下唇 3 片较大，开展，花冠筒外面具凸起纵肋。果下垂，坚实粗大，长达 30~60 cm，直径 7~13 cm，圆柱形。花期 4~5 月，果期 9~10 月。

分布：原产于非洲热带、马达加斯加。中国广东、海南、福建、台湾、云南有栽培。

生长习性：生性强健，生长快速。喜阳光充足；喜高温、高湿的气候。栽培宜湿润、肥沃和排水良好的壤土。生长适温 22℃~30℃。

栽培繁殖：可播种、扦插和压条繁殖。播种前可浸种催芽，一般催芽后 10~15 天即可出芽。扦插繁殖采用一至二年生嫩枝扦插成活率较高。压条繁殖采用高空压条。

病虫害：较少发生病虫害。

观赏特性及园林用途：树姿优美，夏季开花成串下垂，花大，花型特别，其悬挂之果形似吊瓜，经久不落，新奇有趣，蔚为壮观，是一种十分奇特有趣的绿化树种，可用来布置公园、庭院、风景区等处，可孤植、列植或片植。

（摄影人：李鹏初）

● 火烧花

Mayodendron igneum (Kurz) Kurz
紫葳科　火烧花属

　　形态：小乔木。树皮光滑，嫩枝具长椭圆形白色皮孔。小叶卵形至卵状披针形，顶端长渐尖，基部阔楔形，两面无毛。花短总状花序，着生于老茎或侧枝上，花萼佛焰苞状，花冠橙黄色至金黄色，筒状，基部微收缩，檐部反折。蒴果下垂，木栓质。花期2~5月，果期5~9月。

　　分布：中国广东、广西、海南、云南南部、台湾。

　　生长习性：喜高温、高湿和阳光充足的环境，耐干热和半阴，不耐寒冷，忌霜冻。生长适温23℃~30℃，能耐0℃左右的温度，但长期处在5℃~6℃的低温，其枝条会受到冻害。

　　栽培繁殖：可播种、嫁接、压条繁殖。喜土层深厚、肥力中等、排水良好的中性至微酸性土壤，不耐盐碱。在干旱贫瘠土壤上生长缓慢。

　　病虫害：主要病虫害有立枯病、蚜虫、尺蛾、黄夜蛾、盗盼夜蛾、大小地老虎及金龟子等。

　　观赏特性及园林用途：花冠筒状，金黄灿烂，常在树干或老枝上开放，如熊熊燃烧的火焰，故名火烧花。树形奇特，是优良的园林风景树种，可种植于草坪中、湖畔或主干道路旁作遮阴树或行道树，也适宜孤植或列植观赏。

（摄影人：黄颂谊）

● 猫尾木

别名：猫尾

***Markhamia stipulata* var. *kerri* Sprague**

紫葳科　猫尾木属

形态： 半落叶乔木，高 10~18 m。树冠广卵形。小枝具明显叶痕，嫩枝扁圆形，具槽，韧皮纤维发达。通常为一回奇数羽状复叶，长 40~60 cm；小叶 4~6 对，无柄，纸质，矩圆形或卵状椭圆形，先端尾状渐尖，基部圆或阔楔形，全缘或具细锯齿。总状或圆锥花序顶生；花梗及花萼外面密被棕黄绒毛；花冠漏斗状，上部 5 裂，柔软，黄色，基部暗紫色，直径 7~13 cm。蒴果圆柱形，长 30~60 cm，直径 7~13 cm，密被黄褐色绒毛，状似猫的尾巴，故名猫尾木。花期 10~11 月，果熟期翌年 3~5 月。

分布： 中国华南、西南等地；在泰国、老挝、越南也有分布。生于疏林边、阳坡。

生长习性： 喜光，稍耐阴，喜高温湿润气候，要求深厚肥沃，排水良好的土壤。

栽培； 可播种繁殖。抗性较强，少有病虫害。

观赏特性及园林用途： 树冠浓郁，花大而美丽，蒴果形态奇特，酷似巨型猫尾，为华南地区优良的园林观赏树种。适于孤植于建筑的周围；也可作庭荫树或行道树。

（摄影人：黄颂谊）

● 火焰木

别名： 火焰树、苞萼木

***Spathodea campanulata* Beauv.**

紫葳科　火焰树属

形态： 常绿或半落叶乔木，高 8~20 m。树干通直，灰白色，易分枝；叶为奇数羽状复叶，对生，全缘，连叶柄长达 45 cm；小叶 13~17 枚，具短柄，叶片椭圆形或倒卵形，长 5~10 cm，宽 3~5 cm。顶生圆锥或总状花序；花大，单花长约 10 cm，花冠钟形，红色或橙红色，有纵皱，花萼佛焰苞状，长 5~10 cm；蒴果，长约 20 cm，牛角状，果瓣赤褐色，近木质。种子有膜质翅。花期 1~2 月，果期 6~7 月。

分布： 原产于热带非洲，现东南亚、夏威夷等地普遍栽培。中国华南地区和台湾地区有栽培。

生长习性： 热带阳性植物，喜强光。速生、耐热、耐旱、耐湿、耐瘠、枝脆不耐风、易移植。生性强健，不耐寒，10℃以上才能正常生长发育，需较高温度才能开花，华南北部地区，由于温度较低，不开花或开花较少。

栽培繁殖： 可扦插、播种法或高压法繁殖，均宜在春季进行，种子繁殖 5~6 年开花。栽培以肥沃和排水良好的砂质壤土或壤土为宜。

病虫害： 春季雨水多，多发立枯病，主要虫害有蚜虫、尺蛾、夜蛾、地老虎和金龟子。

观赏特性及园林用途： 花姿美艳，开花时，花朵自外围向中心逐步开放，一簇簇橙红色的花序如火焰般灿烂夺目，整株成塔形或伞形，四季葱翠美观，花色艳丽，花量丰富，适合作行道树、园景树、遮阴树。

（摄影人：黄颂谊、陈峥）

● 银鳞风铃木

别名：金花风铃木、黄金风铃木、巴西风铃木

***Tabebuia aurea* (Silva Manso) Benth. et Hook. f. ex S. Moore**

紫葳科　风铃木属

　　形态：常绿乔木。花叶同放，但叶子较少。掌状复叶，小叶5枚，中间小叶最大，两侧小叶对称分布，小叶倒披针形，叶厚革质，叶片有白色鳞片，叶色发白。花冠漏斗形，似风铃状，花缘皱曲，花色金黄，蒴果长条形，果量较黄花风铃木少。花期3~4月。

　　分布：原产巴西、墨西哥等地。中国华南地区有引种栽培，在粤西地区及海南生长良好。

　　生长习性：喜温暖、湿润和阳光充足的环境，生长适温23℃~30℃，耐热、耐旱、耐瘠、抗污染。

　　栽培繁殖：多播种繁殖。喜有机质丰富土壤。

　　观赏特性及园林用途：花色艳丽，满树金黄，景色壮观，可用于行道树和庭园树，也可用于生态景观林带。

（摄影人：黄颂谊）

● 黄花风铃木

别名：黄钟木

Tabebuia chrysantha (Jacq.) Nichols

紫葳科　风铃木属

形态：落叶乔木，高 6~8 m。树冠圆伞形。掌状复叶，小叶 5 片，中央小叶大于下侧小叶，厚纸质，椭圆形至长椭圆形，长 7~20 cm，宽 3~10 cm，先端渐尖，基部近圆形或阔楔形，背面被柔毛；小叶柄长 2.5~8.5 cm，有纵槽沟，总叶柄长 2~18 cm。总状花序于小枝顶生或侧生，较短，有花 4~10 朵，聚成宽大的半球形的花序冠；花色鲜黄；先叶开放；花冠漏斗形像风铃，5 裂，展开，直径 8~10 cm，蒴果多重反卷，多绒毛。种子带薄翅。花期 3 月。

分布：原产墨西哥、中美洲、南美洲；中国华南及台湾地区广泛栽培。

生长：适温 23℃~30℃，不耐寒，在我国仅适合于热带亚热带地区栽培。苗期要求较强光照，光照和通风不足易发生猝倒病。

栽培繁殖：可用播种、扦插或高压法繁殖，以播种为主，春、秋季均可。栽培土质以富含有机质之土壤或砂质土壤最佳。

病虫害：主要虫害有咖啡皱胸天牛。

观赏特性及园林用途：花冠漏斗形，花缘皱曲，像风铃状，花色鲜黄明艳；春天时，先花后叶，满树英华，颇为美丽。可在庭院、校园、住宅区等种植；可孤植、丛植、列植或片植；连片种植，在开花时可形成壮观的花海景观效果。是优良的观花树种。

（摄影人：丰盈、黄颂谊）

● 紫绣球

别名：掌叶黄钟木、粉花风铃木

***Tabebuia rosea* (Bertol.) DC**

紫葳科　风铃木属

　　形态：落叶乔木,树干高可达10~20 m,有纵裂纹。掌状复叶,对生,小叶5片,长圆形。伞房花序顶生,花大而多,花冠初时紫红色,漏斗状,披短绒毛,衰老时变成粉红色至近白色。种子薄盘状、椭圆形,具2片透明阔翅。在华南地区一年开2次花,花期在4~5月及10~12月。果熟期在夏季或冬季。

　　分布：原产墨西哥、古巴和中美洲等地,现热带地区广泛种植。

　　生长习性：喜高温、高湿和阳光充足的环境,生长适温23℃~30℃。喜土层深厚、肥沃、排水良好的中性至微酸性土壤,耐干旱、耐水湿、耐贫瘠土壤和一定低温。

　　栽培繁殖：播种或压条繁殖。种植时要深挖穴,下足基肥,生长期每2~3月施肥1次。

　　病虫害：抗性强,较少发生病虫害。

　　观赏特性及园林用途：树形优美，花色艳丽，花开时枝头上犹如簇拥着一团团粉色的绣球，是优良的园林观赏树种，可在公园、庭院、风景区的草坪、水塘边或主干道路旁作遮阴树或行道树,适宜孤植、丛植或列植观赏。

（摄影人：黄颂谊）

● 柚木

别名：紫柚木、血树

***Tectona grandis* L. f.**

马鞭草科　柚木属

形态：落叶或半落叶大乔木，高 20~50 m，胸径可达 2 m。树干通直，树皮灰至灰褐色，呈浅纵裂；小枝方形，具纵沟槽，被星状绒毛。叶片厚纸质，卵形或倒卵形或广椭圆形，长 15~50 cm，宽 8~35 cm，先端短尖或钝，基部楔形，常下延，全缘，背面密被短绒毛。聚伞花序排成圆锥状腋生或顶生，长达 45 cm；花小而多，黄白色，芳香。核果球形，直径 1.2~2.3 cm，为增大宿存的花萼所包藏，外果皮茶褐色。花期 5~9 月，果熟期 11 月至翌年 3 月。

分布：原产缅甸、泰国、印度和印度尼西亚、老挝等地。生于海拔 900 m 以下的潮湿疏林中。中国广东、广西、云南、福建、台湾等地栽培普遍。

生长习性：性喜高温和强阳光，略耐低温和半阴，喜 pH 值 5.6~7 的疏松、肥沃、湿润砂壤土或冲积土，不耐强酸性或盐碱土壤；抗风性较弱。

栽培繁殖：播种和扦插繁殖。定植后要淋足定根水，定根水加入 80% 木屑，调成糊状后淋到小苗根部，可保湿，能抑制杂草。

病虫害：主要病虫害有根腐病、青枯病、锈病、螟蛾、介壳虫及象鼻虫等。

观赏特性及园林用途：树形高大雄伟、主干通直、叶形大、树冠齐整，宜作庭园树或行道树，小区绿化、园林点缀。

（摄影人：陈峥）

中文名索引

拉丁名索引

229

参考文献

[1] 中国科学院中国植物志编辑委员会.中国植物志 [M].北京：科学出版社，2004.

[2] 邢福武，曾庆文，陈红锋，等.中国景观植物 [M].武汉：华中科技大学出版社，2009.

[3] 周琳洁.华南乡土树种与应用 [M].广州：中国建筑工业出版社，2010.

[4] 王缺.华南常见行道树 [M].乌鲁木齐：新疆科学技术出版社，2004.

[5] 中国科学院华南植物研究所.广东植物志 [M].广州：广东科技出版社，1987.

[6] 庄雪影.园林植物识别与应用实习教程（华南地区）[M].北京：中国林业出版社，2016.

[7] 中国科学院昆明植物研究所.云南植物志 [M].北京：科学出版社，2010.

[8] 于晓南，王继兴，薛康，等.北京主要园林植物识别手册 [M].北京：中国林业出版社，2009.

[9] 陈定如，黄健锋，林正眉.华南师范大学校园绿化与景观植物 [M].广州：岭南美术出版社，2013.

[10] 夏文胜.华中常见园林景观植物栽培应用 [M].武汉：湖北科学科技出版社，2015.

[11] Alferd Byrd Graf. TROPICA [M]. Roehrs 4th，1992.

[12] Mathieu LETI *et al*. Flore Photographique du Cambodge [M]. Privat，2013.